贵州省高校乡村振兴研究中心资助项目（黔教合协同创新字【2021】02号）

贵州省高校乡村振兴研究中心人文社科基地资助项目

贵州省教育厅2021年研究生教育改革发展与质量提升资助项目

贵州省高校乡村振兴研究中心系列成果丛书

三种植被类型土壤优先流研究
——以永定河平原南部为例

李明峰　著

四川大学出版社

SICHUAN UNIVERSITY PRESS

图书在版编目（CIP）数据

三种植被类型土壤优先流研究：以永定河平原南部为例 / 李明峰著. — 成都：四川大学出版社，2023.5
ISBN 978-7-5690-5661-7

Ⅰ.①三… Ⅱ.①李… Ⅲ.①永定河－流域－土壤水－运动－研究 Ⅳ.①S152.7

中国版本图书馆 CIP 数据核字（2022）第 181474 号

书　　名：三种植被类型土壤优先流研究——以永定河平原南部为例
　　　　　San Zhong Zhibei Leixing Turang Youxianliu Yanjiu——Yi Yongding He Pingyuan Nanbu Wei Li
著　　者：李明峰

选题策划：王　睿
责任编辑：王　睿
责任校对：胡晓燕
装帧设计：墨创文化
责任印制：王　炜

出版发行：四川大学出版社有限责任公司
　　　　　地址：成都市一环路南一段 24 号（610065）
　　　　　电话：（028）85408311（发行部）、85400276（总编室）
　　　　　电子邮箱：scupress@vip.163.com
　　　　　网址：https://press.scu.edu.cn
印前制作：四川胜翔数码印务设计有限公司
印刷装订：四川煤田地质制图印务有限责任公司

成品尺寸：170 mm×240 mm
印　　张：9.5
字　　数：181 千字

版　　次：2023 年 5 月 第 1 版
印　　次：2023 年 5 月 第 1 次印刷
定　　价：68.00 元

扫码获取数字资源

四川大学出版社
微信公众号

前　言

　　永定河流域作为京津冀区域重要的水源涵养、生态屏障、生态廊道和水土保持功能区之一，对水环境安全的保护尤为重要。优先流普遍存在于土壤水分运移的过程中，能使土壤中的水分和溶质快速运移至土壤深层，对地下淡水资源造成一定程度的影响，主要体现在降低了土壤肥料的利用效率和影响区域水环境的安全等方面。同时，水分在优先路径中的运移过程也会大大地降低土壤的抗侵蚀能力，易造成土体失稳，从而诱发地质灾害，大大降低河岸带土体的稳定性。因此，研究永定河平原南部三种典型植被类型的土壤优先流特征和发生机制，对保护永定河水环境和生态环境具有重要的意义。

　　著者以永定河平原南部三种典型植被类型（柳树、荆条和狗尾草）为研究对象，通过亮蓝染色示踪试验，再结合图像解析、空间点格局、多元点格局、穿透曲线法和数学模型模拟等研究方法，分析了在 25 mm 入渗水量和 60 mm 入渗水量时三种典型植被类型的土壤优先流的形态特征、土壤优先路径的空间分布关系、优先流发育程度、优先流形成的影响因素，并对根—土环隙导流作用进行了系统研究。

　　本书研究所涉范围较广，特别感谢北京林业大学水土保持学院张洪江教授和程金花教授的全程指导，感谢程金花教授给予的宝贵意见和建议；感谢闫茹老师、王平老师、姚晶晶、阚晓晴、李语晨、张勇刚、李凯等提供的大力帮助。

　　著者从 2017 年起开始进行土壤优先流的研究，限于学术水平，书中难免存在疏漏或错误，恳请读者批评指正！

著　者

2022 年 1 月

目　录

1

1 优先流研究概述

1.1 优先流的界定与表现类型

优先流因发生过程迅速、运移过程复杂且影响因素较多，一直是土壤水文学研究的难点。全球对优先流的研究始于 19 世纪 60 年代中期，有学者在土壤水分入渗过程中发现大孔入渗（Schumacher，1864）；部分学者通过试验发现在田间土壤中存在运移速度较快的水流路径（Hursh、Brater，1941）。直到 1990 年，我国才开始开展对土壤优先流的研究。各国学者对优先流和优先路径的定义、优先流的分类、优先流的分析方法、优先流形成影响因素等进行了广泛的研究。

1.1.1 优先流的定义

优先流又称土壤优势流，指土壤在整个入流边界上接受补给，但水分和溶质绕过土壤基质，只通过少部分土壤体的快速运移。

有研究认为，优先流是指水流通过土壤大孔隙穿过非饱和土壤基质层（Bouma，1981），也可称为大孔隙流（Beven、Germann，1982）。White（1985）认为优先流是指优先路径中非平衡水流的运移；亦有学者认为优先流是加速土壤水分和溶质快速向下运移至土壤底层的水分运移形式（Luxmoore 等，1990）。国内部分学者将优先流定义为土壤水分和溶质在土壤中加速运移的过程（程竹华、张佳宝，1998）。张洪江（2000）指出，优先流是显著区别于基质流的快速非平衡水流，其溶质置换过程不显著。也有学者提出优先流是一种多发生在土体的表层或亚表层区域的聚集流入过程（牛健植，2003）。Allaire 等（2009）在空间尺度条件下提出优先流是水分和溶质在小占比的非微观尺度孔隙中传输的现象。综合上述定义，著者认为优先流（大孔隙流）是指在一定土壤环境内,土壤水分和溶质在土壤中快速运移的过程。

1.1.2 优先路径的定义

　　优先路径与土壤基质中结构紧密的孔隙不同,是描述土壤水分和溶质发生优先运移时的通道。目前学者们并未统一优先路径的定义(Perret 等,1999)。通常,优先路径在广义上是指由土壤中的腐烂根系通道以及新鲜植物根系通道、土壤生物生命活动产生的虫洞,以及由土壤干湿、冻融交替变化产生的土壤孔隙等(张洪江,2006);狭义上是指土壤中存在的所有土壤大孔隙(Bouma、Wösten,1979)。

　　对优先路径进行径级划分是分析优先路径最有效且便捷的方法,但标准尚未统一。有学者在早期研究优先路径时把小于 3.00 mm 的土壤孔隙定义为优先路径(Beven、Germann,1982)。然而,亦有学者认为土壤中生物生命活动轨迹以及植物产生的根系通道会形成更大径级的优先路径,土壤中孔径大于0.03 mm 的大孔隙为优先路径。

　　因优先流研究方法不同,所以对优先路径的径级划分也不同。当当量孔径大于 1 mm 时,将优先路径定义为大于 -300 Pa 的排水孔隙(Luxmoore 等,1981)。Wilson 等(1988)采用张力入渗法,将优先路径径级定为大于0.25 mm。也有部分学者采用水分穿透曲线法,将优先路径径级定为 0.3~3.0 mm。

　　目前,国内外学者所测定的优先路径径级范围在30~1000 μm 之间,其中以1000 μm 居多(曾强,2016)。因此,优先路径径级一般确定在 0.1~5.0 mm 的范围内(陈晓冰,2016)。

1.1.3 优先流的分类

　　由于在一定土壤空间内土壤的孔隙结构差异性较大,优先流具有多种发生形式。目前,我们主要将优先流分为大孔隙流、指流和漏斗流。

　　1. 大孔隙流

　　最初,国外学者在研究优先流时普遍认为土壤中的大孔隙流均为土壤优先流。随着研究的深入,学者们发现大孔隙流是优先流的一种表现形式,是指沿着土壤大孔隙快速运移的非平衡流。近年来,虽然学者们从多个角度对大孔隙流进行了较多的研究并做了分类,但并没有对大孔隙与土壤中其他孔隙类型进行严格区分（秦耀东等，2000）。

2. 指流

指流是指在土壤垂直方向上发生优先流现象（Baker、Hillel，1990），不同于其他形式的土壤优先流，它是由土壤的疏水性重力和土壤初始含水量的空间异质性导致的一种优先流现象（Hill、Parlange，1972；Lemmnitz等，2008）。指流的发生主要是因为土壤层对土壤水分和溶质的运移速率不同而形成了指状且复杂的优先路径（Rezanezhad等，2006）。

3. 漏斗流

漏斗流是指水和溶质到达干燥的粗沙土夹层后，沿着夹层孔隙以漏斗状的形式垂直向下流动的形式（刘亚平、陈川，1996）。漏斗流对土壤水分和溶质具有较高的运移能力，可以使水分和溶质迅速运移至深层土壤（Kung，1990）。李喜安（2004）研究了漏斗流对黄土暗穴形成的影响，康锦辉（2010）研究了黄土地区漏斗流对土体的潜蚀作用。当前，学者主要针对大孔隙流和指流两种优先流类型进行广泛且较深入的研究。

1.1.4 优先流的分析方法

目前，针对优先流的分析方法主要有以下九种。

（1）染色示踪法。

染色示踪法以其野外试验便捷、成本较低且可以显示出染色剂的运移痕迹等优点，成为学者们研究优先流时使用最广泛的一种方法（Weiler、Flühler，2004）。通过染色剂的示踪效果，试验人员可以清楚地观测到土壤中水分优先运移的路径及过程（张中彬、彭新华，2015）。Wang等（2009）主要通过人工模拟降雨、少量多次洒水或积水入渗等方式进行野外染色示踪试验，以此为依据分析优先流的运移情况。

目前使用最多的染色剂有亮蓝（Brilliant Blue）、罗丹明（Rhodamine）、荧光剂（Fluorescein）、亚甲基蓝（Methylene Blue）等（吕文星，2013；高朝侠等，2014）。这些染色剂均不会对土壤和地下水造成污染，且显色效果明显，利于观察和分析（Germán-Heins、Flury，2000；Yao等，2017）。

Ehlers等三位学者将染色示踪法应用于对土壤大孔隙分布的研究，打开了观测分析优先流的"大门"（Ehlers，1975；Bouma、Dekker，1978）。学者们尝试将切片技术与土壤染色结合，研究土壤大孔隙，验证了染色示踪法用于在土壤优先流研究的可行性（Bouma、Wösten，1979；Hewitt、Dexter，1980）。Yao 等（2017）采用亮蓝染色示踪试验研究长江上游大豆样地的土壤优先流；Bouma（1991）采用亚甲基蓝作为染色剂研究农耕地土壤大孔隙；部分学者将染色示踪法应用到土壤溶质运移的研究中，深入分析了土壤优先路径与硝态氮的运移情况（陈效民等，2007）；吕文星等（2012）以亮蓝作为染色示踪剂，运用空间点格局法发现在不同研究尺度上林地优先路径与土壤生物活动的相关性最大；陈晓冰等（2015）以亮蓝作为染色示踪剂，在草地、果园和农地中应用林分空间格局法研究分析了大孔隙空间的结构特征。

虽然染色示踪法具有操作方便、染色图像显示性强等优点，但使用该方法不具有可重复性，因此在研究分析中存在一定的不足。

（2）离子显色示踪法。

离子显色示踪法使用的离子示踪剂需与显色剂发生化学反应才能呈现出染色溶液的运移轨迹。盛丰等（2011）通过离子显色示踪试验计算了优先流活动流场模型的分形特征参数；张家明等（2016）通过离子显色示踪技术对马卡山等植被发育斜坡非饱和带土体中的优先流进行了研究，发现土壤优先路径主要在顺坡方向上发育。研究人员一般采用浓度不高于 $30 \ g \cdot L^{-1}$ 的 I^- 溶液进行离子示踪试验。随着研究的深入，有研究人员发现可以采用多种离子示踪剂来研究土壤水分及溶质的运移规律和轨迹（Posadas 等，1996）。

离子显色示踪法可以比染色示踪法更加真实地反映土壤优先流的运移过程和痕迹，但其成本相对较高，且试验过程较复杂，没有染色示踪法方便。

（3）穿透曲线法。

穿透曲线法是先在土壤剖面中施加染色示踪剂，然后测定不同土层深度示踪剂的浓度值，以此求出染色剖面的穿透曲线。该方法可以用于分析土壤优先流的发生以及发育情况 。

穿透曲线法可以分为两种：一种是分析土壤水分在土壤含水量近饱和时的运移特征的水分穿透曲线法，另一种是分析溶质快速穿过优先路径到达地下水层造成地下水污染的溶质穿透曲线法（王伟等，2010）。穿透曲线法一般采用溴离子和氯离子等吸附性较低且污染性较小的离子进行试验（Williams 等，2003）。Radulovich 等（1989）通过穿透曲线法与物理流量方程计算出了所测土壤的大孔隙数量及孔径分布范围，后来这种方法被广泛应用到对优先流的研究。Li 等（1995）通过穿透曲线法分析出优先流在质地较细腻的土壤中更容易发生优先流现象；吕文星（2013）通过室内淋溶两种土壤发现，人为扰动后重新填充的土壤的优先流发育程度远远高于未经过人类生产活动干扰的原状土。

穿透曲线法以其成本可控、试验过程简单易学等优点，被广泛应用于对优先流的定量化分析。但是该方法不能展现出土壤水分的具体运移轨迹。

（4）渗透仪法。

渗透仪法（如张力渗透仪法、双环渗透仪法和吸盘渗透仪法）是一种比较常用的分析优先流特征的研究方法。其通过测定不同张力条件下的土壤孔隙渗透速率，再结合毛管上升公式和 Poiseulle 公式，得出土壤大孔隙的分布情况（Logsdon，1997；高朝侠等，2014）。孙龙（2013）通过张力渗透仪法对三峡库区内柑橘地的优先流和大孔隙特征进行了研究。

虽然渗透仪法的操作过程简单，但受研究尺度的限制，分析较大尺度的优先流时，试验得出的水分运移情况与实际的水分运移情况存在差异。

（5）微张力测量技术。

Beven、Germann 在 1982 年将微张力测量技术引入优先流的研究中。其原理是采用时域反射仪测量土壤水分和溶质在不同土层中的运移情况（盛丰等，2016），能对优先流进行定量研究（Germann、Di Pietro，1999）。Morris、Mooney（2004）将该技术和染色示踪法相结合，通过人工模拟降雨试验形成了一种可以获取高分辨率优先路径图像的研究方法。

微张力测量技术以操作简单、精度高和扰动低等优点被广泛运用于土壤优先流的测定（徐宗恒等，2012）。

（6）填充法。

填充法是将树脂、乳胶等液态材料注入土壤孔隙中，待其凝固后挖出并去除多余的土体，以此获得土壤大孔隙的完整结构模型（张中彬、彭新华，2015）。近年来，学者们将 CT 扫描技术与填充法相结合，分析了优先路径的空间结构关系，以实现对土壤优先流的研究（Perret 等，1999）。

填充法可以直观、清晰地呈现优先路径，但该方法具有不可重复性，且获得的优先路径往往偏小。

（7）探地雷达法。

探地雷达法是一种非破坏性研究土壤优先路径分布的方法。有学者在20 世纪初将探地雷达法引入对土壤优先流的研究（Kung、Donohue，1991）；Harari（1996）指出该方法不仅可以可视化沙丘的不连续湿润锋运移，也可以显示沙丘的优先路径；Freeland 等（2006）利用探地雷达法绘制了近地表优先路径的形态特征图像。

探地雷达法可快捷、准确地探测较大范围的土壤理化性质和土壤优先流路径的分布情况，但是由于开展试验成本较高且探测的深度有限，因此使用率不高。

（8）CT 扫描法。

CT 扫描法是一种非侵入式、非破坏性的研究优先流的方法，可以准确且直观地展现出土壤优先路径的空间分布特征（徐宗恒等，2012；吕文星，2013）。

一些学者采用 CT 扫描法和树脂切片相结合，研究了土壤优先流的结构特征（Perret 等，1999；周明耀等，2006）；吴华山等（2007）通过 CT 扫描法发现了稻田土壤表层中大孔隙数量最多，在 0～40 cm 范围内土壤中大孔隙数量随着土层深度的增加而减少，然后再呈波浪式变化；姚晶晶（2018）将染色示踪法与 CT 扫描法相结合，对优先流进行了定性和定量分析。

（9）核磁共振成像法。

核磁共振成像法是利用核磁共振对土体进行扫描，并通过计算机处理、分析，达到解析土壤空间结构的目的。为了更直观、清晰、全面地研究土壤优先流及优先路径的分布特征，可以将染色示踪法和核磁共振成像法结合起来使用。Posadas 等（1996）利用核磁共振成像法研究了分层沙质土壤中优先流的特征变化。

综上所述，随着科学技术的不断进步，学者们针对土壤优先流的研究提出了多种可行的方法，研究人员可以通过选择适宜的方法达到相关研究目的。本书结合使用亮蓝染色示踪法、水分穿透曲线法和套管数学模型，对永定河平原南部三种植被类型土壤优先流进行研究。

1.1.5 优先流形成的影响因素

优先流形成的影响因素有很多，既有影响优先流发生和发展的水力条件，也有影响优先路径产生和发展的物理、化学、土壤生物、环境和人类活动等因素。

1. 物理因素

土壤质地与结构、石砾含量及土壤初始含水量等是影响优先流发育的主要物理因素。

（1）土壤质地与结构。

Bronick、Lal（2005）研究发现，土壤空间较大的差异性会直接影响土壤颗粒间的空间距离以及土壤孔隙的空间分布情况，与优先流的发生和发展有着密切的联系。它不仅影响着优先流的发育程度，还影响着其发生类型。粉砂和黏质土壤更易发生大孔隙流（Ritsema 等，1993），沙质和细粒土壤中多有指流现象发生（Beven，2010），而漏斗流通常发生在具有层状结构的砂土中（Dekker、Ritsema，1996）。结构性较强的黏土会阻滞水流的入渗作用，优先流现象不明显（Shaw，2000）。土壤粒径越小，其影响水流运移的非均匀程度越高，导致的优先流现象就越明显（盛丰、方妍，2012）。

Flury、Flühler（1995）通过染色示踪法发现在土壤结构性较好的土壤中，优先流现象较为明显。在结构性较好的土壤中，优先流主要发生在表层土壤；而在结构性较差的土壤中，优先流发生在整个土壤空间（牛健植等，2006）。国内一些学者通过大量的野外试验发现，优先路径的数量与大小和土壤容重等土壤物理性质存在相关性（陈效民等，2006；阮芯竹等，2015）。Wuest（2009）研究发现，土壤团粒结构在优先流集中发生区明显多于未发生优先流的区域；吕文星（2013）通过研究长江上游地区土壤优先流发现，未染色区的土壤团聚体结构更高。这与 Wuest（2009）的研究结果不一致。

（2）石砾含量。

粒径大于等于 2 mm 的土壤颗粒通常被称为石砾。骆紫藤等（2016）研究发现，石砾会改变土壤容重和大孔隙度，进而对土壤优先流产生影响；时忠杰等（2008）研究发现，土壤大孔隙含量与石砾含量有着明显的线性相关；戴翠婷等（2017）通过研究长江上游地区石砾含量对优先流的影响发现，两者间成正相关关系。

（3）土壤初始含水量。

土壤初始含水量是影响土壤优先流发展的一个重要指标（Sidle 等，2001），其主要通过影响相邻土层间的水势梯度来影响优先流的发生和发育（高朝侠等，2014；张欣，2015）。各国学者在土壤初始含水量对优先流的影响这个问题上持有不同的意见。Flury 等（1995）提出土壤初始含水量较高时更易促进优先流的发育，土壤入渗深度也更深一些。而 Hardie 等（2010）却提出不同的观点，即干燥土壤（土壤初始含水量较低）可以加快水和溶质向更深层土壤运移。

2. 化学因素

土壤有机质含量会影响土壤中生物活性，进而影响优先路径的数量、大小和深度（陈效民等，2006；高朝侠等，2014）。学者在对三峡库区进行的研究中发现，土壤有机质含量和大孔隙数量成显著正相关，可促进优先流的发生和发育状况。

3. 土壤生物因素

土壤中存在植物的活根、死根以及腐烂根系，以及土壤动物、土壤微生物等具有生命活动的土壤生物。土壤中存在结构性较稳定的大孔隙，对优先流的发生和发育影响较为深远（Hagedorn、Bundt，2002）。

由于植物根系在生长发育的过程中会对周围土体产生一定的压迫和形变作用，易形成较多且连通性较好的土壤大孔隙，在根系死亡、腐烂后能够起到快速导流的作用（Mosley，1979）。土壤中存在的活的植物根系在生长发育过程中会对土壤结构产生影响，易形成大量的根—土环隙（间隙）等土壤大孔隙（Lesturgez 等，2004）。土壤中由于根系而形成的优先路径占土壤孔隙的 1/3，且根系含量与土层深度成负相关（Aubertin，1971）。土壤中的蚯蚓、蚂蚁和蛇鼠类动物的生命活动会使土壤产生大量连通性较好的管状大孔隙，导致土壤易发生优先流现象（Penman、Schofield，1941；Li 等，2017）。

4. 环境因素

当降雨强度、降雨历时与人为施加溶质超出土壤入渗速率时，易发生优先流现象（Bouma，2006），且降雨或溶质施加强度越大，土壤水分和溶质的运移速率就越快。降雨强度、降雨历时和降雨总量会影响优先流出现的时间和最大入渗深度（姚晶晶，2018）。降雨总量直接影响着优先流的入渗流量，而降雨历时是影响优先流入渗历时的最主要因素（何凡等，2005）。

土壤会随着季节变化而发生干湿变化和冻融交替，进而促进土壤优先路径的形成和发展（Montagne 等，2009；Wessolek 等，2009）。在含水量下降时，土体易产生较多的裂隙，形成优先路径（李伟莉等，2007）；而在含水量上升时，土体结构发生膨胀变化，土壤孔隙度降低，导致土体结构紧实，不易发生优先流现象（区自清等，1999）。由于高纬度和高海拔地区的昼夜温差较大，土体发生的膨胀收缩会严重破坏土体原有的结构，易形成优先路径（张东旭，2018）。

5. 人类活动因素

学者通过大量的野外试验发现，在保护性耕地条件下土体环境更有利优先路径的形成和发育，进而增加土壤的入渗能力。然而，学者通过研究发现传统

耕作更能有效提高土壤对水分和溶质的入渗能力（Lipiec 等，2006）。Hangen
等（2002）研究发现耕作方式和地表植被残留是影响优先流发生和发育程度的
重要因素。李文凤等（2008）在对农耕地土壤优先流特征进行研究时发现，免
耕土壤的孔隙发育程度和优先流特征都明显于秋翻土壤。Zhang 等（2014）发
现土壤在交替性灌溉时比持续性灌溉更容易发生和发育优先流现象。

1.2 优先流模拟技术研究

由于土壤空间结构存在较大差异，为了更好地研究土壤优先流的发生和发
展规律，学者们提出了以下可应用于优先流研究的模型（盛丰等，2016）。

1.2.1 连续性模型

学者在理查德斯方程和溶质运移的对流弥散方程的基础上，开发出适用于
均匀介质条件下土壤优先流运移的连续性模型，它是表征土壤水分和溶质运移
的主要模型（陈晓冰，2016；盛丰等，2016）。由于土壤水分和溶质运移在土
壤优先流中存在异质性，且受研究尺度的影响，在解决非均匀土壤介质中的优
先流运移问题时，其模拟结果显著小于实际水流速率（王康等，2007）。

由于连续性模型使用参数过多且没有一定的标准，在野外试验条件下不易
获取水动力学参数，研究成本较高。到目前为止，主要适用范围为室内小尺度
条件（Flint 等，2001）。

1.2.2 离散模型

为了更好地描述非均匀介质水流运移规律，学者们在连续性模型的基础上
建立了离散模型（盛丰等，2016）。该模型将土壤中的水体定义为独立的结构
体，依据粒子运移规则来模拟土壤中水流在非均匀介质中的运移规律（Liu，
2005）。在离散模型的支持下，Witten、Sander（1981）以点源作为源粒子构
建了弥散限制聚合模型（Diffusion Limited Aggregation，DLA），用来模拟并
分析土壤优先流特征；Wilkinson、Willemsen（1999）建立了入侵渗透模型
（Invasion Percolation，IP）。线源 DLA 模型既可以模拟均匀介质水流分布，
也可以模拟非均匀介质水流运移规律（Flury 、Flühler，1995；Persson 等，

9

2001）。

G1ass、Yarrington（1996）在孔隙尺度下使用改进的入侵渗透模型（Modified Invasion Percolation，MIP），且只考虑重力作用，模拟在水流速率很小时的指流以及湿润锋结构状况。Glass、Yarrington（1996）发现，在应用改进的入侵渗透模型模拟重力指流时，可以按照指流的宽度大小来定义长度的尺度。基于入侵渗透模型构建的元胞自动机动态模型和晶格结构气体模型已成功运用于优先流研究（Glass、Yarrington，1996；Wilkinson、Willemsen，1999）。

到目前为止，DLA、IP和MIP均已成功运用于小尺度的优先流研究，但还无法应用于大尺度的优先流研究。

1.2.3　分形模型

由于优先流分形特征较明显且具有规律性，更多的学者将分形模型引入优先流研究。国外学者在分形几何原理的基础上建立了三维分形模型，将分形理论应用于优先流研究；Liu等（2003）提出活动裂隙模型（Active Fracture Model，AFM）和活动流场模型（Active Region Model，ARM），用来描述土壤水分和溶质运移过程；周明耀等（2006）发现土壤孔隙的分形维数能够很好地描述大孔隙流的特征。分形模型以其耗时短和结果具有代表性的特点被广泛应用于优先流研究，但还需对构建模型的理论基础、各参数的测定方法作统一规范。

随着科学技术的不断进步，学者们对各种模型作了大量验证，总结出各模型的优缺点以便于根据研究目的选择适宜的模型，或提出新的模型以对优先流进行更深入且全面的研究。

1.3　河岸带优先流特征研究

河岸带是指河流与陆地生态系统之间进行物质能量流动以及信息交换的过渡区域，是土壤学、生态学、水文学和环境科学的重点研究领域。河岸带是动态的水陆交错带生态系统，具有独特的生态结构特征和生态功能（曹宏杰等，2018）。良好的河岸带植被结构和物种组成可有效阻止降水等地表径流中的污染物进入河流和地下水源，并通过植物根系和凋落物的拦截作用增强对表层土壤的拦截能力，进一步提高河岸带的稳定性能。河岸带在预防水土流失、降低污染、提升土体稳定性、保护水资源安全等方面发挥着重要作用。

土体中存在的腐烂根系通道以及新鲜植物根系通道，土壤生物活动产生的虫洞，以及土壤干湿、冻融交替产生的裂隙，团粒间结构性孔隙等多种类型大孔隙，为优先流的发生和发展提供条件。优先流是一种土壤水分和溶质运移的非平衡流过程，对土壤环境具有一定的影响（Isensee 等，1988），将优先流理论应用于河岸带植被土壤水分和溶质在土壤中的快速运移研究，可帮助我们了解河岸带土壤水分和溶质的运移过程，及其对河岸带土体结构的影响。

学者对林地、草地和农田进行大量优先流研究表明，由于植被发育，土体中存在各种类型的大孔隙，可以快速运移水分和溶质（Allaire 等，2002；陈晓冰，2016）。土壤水分和溶质的运移特征受土壤空间异质性影响较大（张东旭等，2017）。土壤初始含水量、入渗水量以及土壤斥水性等水分条件是影响土壤溶质运移的关键因素（Meddahi，1992；Reynolds、Elrick，2005）。在不同降雨强度下，优先流的表现形式和特征也不尽相同（姚晶晶，2018）。

学者通过研究探寻河岸带典型植被优先流染色形态特征、优先路径空间结构特征以及基于土壤的水分穿透曲线法，并结合套管数学模型，分析了由植物根系形成的根—土环隙大孔隙的特征，丰富了优先流的研究内容，为开展河岸带优先流特征研究提供了理论基础。

1.4 存在问题及发展趋势

近年来，学者们对各类土壤优先流及其影响因素进行了大量研究，但鲜有对河岸带植被下根—土环隙导流对优先流的影响的研究。优先流的形成、分布特征、优先路径数量和大小及其影响因素，对区域水环境影响研究十分重要。目前针对根—土环隙导流这一类大孔隙所引发的优先流的研究方法与模型尚不完善。因此，建立合理且有效的研究方法和模型是当前研究者需要努力的一个重要方向。

2　研究区概况

本书选取的研究区位于永定河平原南部，即河北省廊坊市固安县东北村村口。

2.1　永定河流域自然环境概况

永定河流域位于北纬 39°00′～41°20′和东经 112°00′～117°45′ 之间，流域总面积达 4.70 ×10⁴ km²。永定河河道流经官厅水库，并于官厅山峡的三家店区域流入中部平原区。而三家店以下的卢沟桥河段至梁各庄河段主要为地上河，在梁各庄以下进入永定河泛区，最后流入渤海海域。永定河按照流域地形地貌与水文水资源特点，可以划分为水源涵养区、平原城市段、平原郊野段、滨海段 4 个区域。永定河流经内蒙古自治区、山西省、河北省、北京市和天津市，被人们亲切地称为北京市的母亲河，也被定义为"京西绿色生态走廊与城市西南生态屏障"。

由于对永定河流域水资源的不合理开采，河岸带生态功能严重退化，周边生物活性因此降低。永定河流域作为人口集中区，是经济快速发展的区域，受人类活动及气候变化等诸多因素的影响，水资源严重短缺以及河岸带生态功能严重退化等问题成为制约京津冀协同发展的重要因素。

2.2　永定河流域气象水文、河道特征及植被状况

永定河卢沟桥段河西的土壤主要为砾岩石，永定河以东为古河道（吕金波，2012）。永定河的河道中淤积大量泥沙，土质多为沙质土壤。

2.2.1 气象水文

永定河流域属温带大陆性季风气候区，春季时干旱少雨，夏季温度较高，降水主要集中在每年的夏季。永定河流域平原地区降水量的年际变化差异较大，夏季汛期降水量约占全年总降水量的 80%。永定河流域年均降水量约为 409 mm，平原地区年均降水量约为 559 mm。永定河上游山区年均天然径流量约为 20.8 亿 m³，河道径流量年内分配差异较大，每年汛期径流量占全年总流量的 30%～60%，且径流量年际变化较大。官厅站测定的最大径流量发生在 19 世纪 30 年代末期，为 30.6 亿 m³；而最小径流量发生在 19 世纪 70 年代初期，为 3.74 亿 m³。据相关资料显示，1956 年永定河平均径流量为 73.8 m³·s⁻¹，1973 年平均径流量仅为 3.38 m³·s⁻¹。

永定河的洪水主要发生在每年的 7—8 月，自 20 世纪 50 年代初期官厅水库修建拦洪设施后，洪水发生次数明显减少。

2.2.2 河道特征

永定河的河道部分以地上河为主，河道滩地最高处高出河道外地面 7 m。河岸堤防以沙质土为主，河心土壤多为松沙土，主河道稳定性较差。1949 年以前，岸坡工程以柴埽护岸为主。

新中国成立后，我国对永定河三家店至卢沟桥段岸坡工程进行了多次加固，使得河槽可通过径流量达到 1.00×10^4 m³·s⁻¹，起到了保护河道安全的作用。20 世纪 70 年代中期，永定河河岸的左堤防洪标准再次提高到径流量 1.60×10^4 m³·s⁻¹，基本消除了永定河流域发生洪灾的隐患。

2.2.3 植被状况

永定河平原段河岸带湿地植物分布具有广域性，乔木多为人工栽植（树龄在 30 年以上）（修晨等，2014）。乔木树种包括垂柳（*Salix babylonica*）、加杨（*Populus canadensis*）和圆柏（*Sabina chinensis*）等。灌木植物包括荆条（*Vitex negundo*）、河北木蓝（*Indigofera bungeana*）、铺地柏（*Juniperus procumbens*）和鹅绒藤（*Cynanchum chinense*）等。常见草本植物包括狗尾草（*Setaria viridis*）、马齿苋（*Portulaca oleracea*）、芦苇（*Phragmites australis*)、牛筋草（*Eleusine indica*）、假稻（*Leersia japonica*）、白茅（*Imperata cylindrica*）、葎草（*Humulus scandens*）、蒙古蒿（*Artemisia mongolica*）和茵陈蒿（*Artemisia capillaries*）等。

3 研究内容与研究方法

3.1 研究内容

永定河流域作为京津冀区域重要的水源涵养区和水土保持功能区，优先流的存在影响着该区域的生态环境恢复情况。本研究选取永定河平原南部三种典型植被类型（柳树、荆条和狗尾草）土壤优先流为研究对象，系统研究优先流形态特征、优先路径数量、优先流形成的影响因素、根—土环隙导流及其影响，揭示影响研究区优先流形成和分布的因素及其对永定河流域水环境的作用。

（1）优先流形态特征研究。

经过踏查选取合适的试验样点。采用亮蓝染色示踪法，测定、分析永定河平原南部三种典型植被类型下土壤优先流的发生与染色形态特征、土壤染色形态在水平和垂直方向上的变化规律，并进行不同入渗水量条件下优先流染色面积变异性分析。

（2）优先路径数量分析。

本研究通过对染色图像进行解析，提取不同土层深度土壤水平剖面染色图像中的优先路径数量、大小和位置等信息，采用景观生态学中空间点格局分析方法 Ripley's $K(r)$ 函数以个体在研究空间的位置坐标为基本数据，使每个个体均可视为在研究空间水平上的一个点，构成水平空间分布图再进行空间分析。通过不同影响半径优先路径的空间分布关系，来揭示永定河平原南部三种典型植被类型土壤优先路径分布特征及其空间关系。

（3）优先流形成的影响因素分析。

土壤质地、地表植被等都会影响优先路径的形成和分布。通过分析坡度、坡向、土壤理化性质（包括土壤机械组成、土壤孔隙度、土壤容重、土壤有机质）、植物根系生物量（包括根长度和根密度等）、土壤生物活动（包括虫孔洞、根孔洞数量和分布等）和地质性裂隙等与土壤优先路径形成之间的关系，研究影响优先流形成的主要因素。

（4）根—土环隙导流及其影响。

利用水分穿透曲线法获取相关的土壤大孔隙值，并结合根—土环隙套管数学模型，对根—土环隙这一类型的大孔隙进行研究，分析根—土环隙导流及其影响，以此揭示根—土环隙类优先流在土壤水分入渗过程中的作用。

3.2 技术路线

永定河平原南部典型植被类型土壤优先流研究的技术路线如图 3-1 所示。

3.3 研究方法

3.3.1 样地的选择与布设

通过踏查，在综合考虑海拔、坡位、坡度等因素的基础上，选择永定河平原南部三种典型植被类型、共计 12 个土壤样地用于野外优先流观测试验。将柳树样地设置 20 m×20 m 的样方进行植被调查，荆条样地设置 5 m×5 m 的样方进行植被调查，狗尾草样地设置 1 m×1 m 的样方进行植被调查（每木检尺）。

将柳树样地编号为 WP1、WP2、WP3 和 WP4，荆条样地编号为 VP1、VP2、VP3 和 VP4，狗尾草样地编号为 SP1、SP2、SP3 和 SP4。同时对各样地的地理位置及样地内植被信息进行调查。样地的基本情况见表 3-1。

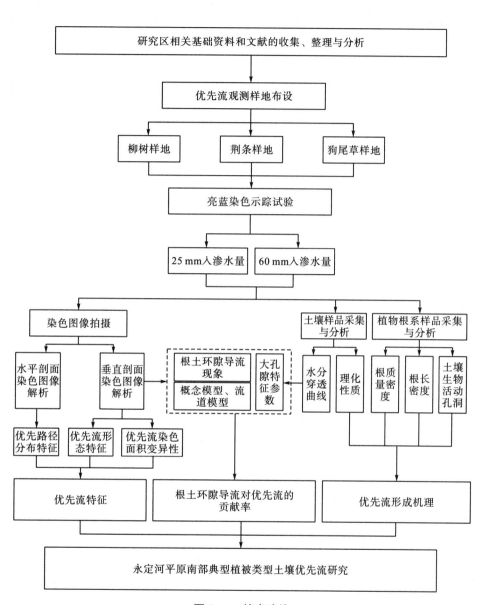

图 3-1 技术路线

表 3-1 样地的基本情况

类型	样地编号	海拔(m)	纬度(N)	经度(E)	坡度(°)	株数(株)	平均高度(m)	盖度(%)	郁闭度
柳树样地	WP1	20.0	39°30′6″	116°14′50″	7	15	/	/	0.70
	WP2	21.0	39°30′5″	116°14′45″	7	13	/	/	0.65
	WP3	19.5	39°30′9″	116°14′52″	7	18	/	/	0.75
	WP4	16.0	39°30′45″	116°14′51″	7	20	/	/	0.75
荆条样地	VP1	20.5	39°30′55″	116°14′11″	10	22	2.3	75	/
	VP2	20.0	39°30′54″	116°14′16″	10	20	2.0	60	/
	VP3	22.0	39°30′53″	116°14′01″	9	15	1.9	55	/
	VP4	18.0	39°30′50″	116°14′05″	9	17	2.2	60	/
狗尾草样地	SP1	18.0	39°30′33″	116°14′42″	6	15	1.5	93	/
	SP2	17.0	39°30′35″	116°14′44″	7	9	1.6	95	/
	SP3	17.5	39°30′40″	116°14′44″	6	13	1.4	96	/
	SP4	16.0	39°30′01″	116°14′40″	8	18	1.5	95	/

3.3.2 亮蓝染色示踪试验

1. 确定亮蓝染色观测剖面的位置

本研究在三种典型植被类型的每个样地内各设置一处亮蓝染色观测剖面，共计 12 个剖面。柳树样地和荆条样地的亮蓝染色观测剖面一般选择在 3～4 株相邻木的中心且相对平坦的位置，以防止较粗的植物主根根系对土壤染色结果产生影响；狗尾草样地的亮蓝染色观测剖面一般选择在相对平坦的区域。采用研究区 24 h 累积降水量 25 mm 和 60 mm 作为标准，每种植物类型均进行 4 次（3 次 25 mm 和 1 次 60 mm 入渗水量）优先流亮蓝染色示踪试验，以作重复分析使用。

2. 样地布设与试验前期的准备工作

在确定好各样地用于亮蓝染色示踪试验的观测剖面后，应对样地地表进行简单的清理和平整，避免土壤表层中的枯枝落叶和砾石影响试验结果。然后根据双环入渗的原理，将长、宽、高分别为 140 cm、90 cm、50 cm 和 120 cm、70 cm、50 cm 的 PVC 板框埋入样地（深度为 30 cm），露出地面高度约为 20 cm，并检查 PVC 板与土壤之间是否存在缝隙，并压实染色区外围 5 cm 范围内的土壤，以防亮蓝染色溶液沿 PVC 隔板内壁下渗影响土壤剖面的实际染色结果。最后将塑料薄膜覆盖在 PVC 板框上，在 24 h 内避免外界因素对框架进行扰动和破坏，以保证各样地的土壤初始条件相同。

3. 样地染色

对样地进行预处理后，在 PVC 板框外围使用外业试验专用土钻开挖 3 个（以 10 cm 为一层，共计 6 层）取土孔洞，并使用 TDR 仪测定亮蓝染色剖面的土壤含水量（重复 3 次）。

染色试验开始前应将覆盖的塑料薄膜移走，采用少量多次的方式将染色剂均匀地喷洒在土壤表面，以检测优先流动路径（张洪江，2006；吕文星，2013；陈晓冰，2016）。待染色剂喷洒完成且表层染色剂完全入渗后再次覆盖塑料薄膜，覆盖时间应不少于 24 h。

4. 土壤剖面的挖掘与样品采集

（1）土壤剖面的挖掘。

待染色溶液入渗时长超过 24 h 后取走塑料薄膜并移除 PVC 板框，再进行土壤水平剖面和垂直剖面的挖掘工作。为了避免人为因素对实际土壤优先流染色的影响，应在各样地中选择不受边界影响的核心染色区（50 cm× 50 cm）进行挖掘，再对其进行土壤染色图像分析。

①土壤水平剖面的挖掘。

以 10 cm 为高度单位进行土壤水平剖面的挖掘，并对挖掘后的土壤水平剖面进行修整，以减少试验误差。本研究剖面最大开挖深度为 60 cm，且在挖掘的同时使用配有三脚架的相机（尼康，COOLPIX P950）结合测量标尺和灰阶比色卡对各土层水平剖面进行拍摄，并使用遮阳伞遮挡强光以减少试验误差。在拍摄过程中对每层土壤生物孔隙进行人工计数。拍摄完成后，分区域收集土壤根系（染色区域和未染色区域），用于测定每层的根系信息。土壤剖面挖掘示意如图 3−2 所示。

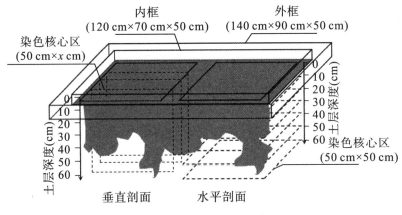

图 3-2　土壤剖面挖掘示意图

②土壤垂直剖面的挖掘。

挖掘土壤垂直剖面时，我们以横向距离 10 cm 为标准进行挖掘和平整工作。我们设置 3 个重复剖面，并根据实际染色深度确定最大挖掘深度。拍摄过程中的注意事项同土壤水平剖面拍摄要求。

（2）土壤样品采集。

根据水平剖面的染色情况将其分为土壤染色区域和土壤未染色区域。采集两个区域的原状土壤（环刀规格为 100 cm³）用于后续对土壤容重、土壤孔隙度和土壤持水因子等土壤物理性质的测定，每个区域重复取样 3 次。同时，研究人员取足够量的散状土，用于室内测定土壤化学指标。运用土壤水分渗透仪专用的水分穿透曲线环刀采集土壤染色剖面中植物根系分布集中区的原状土样，对其进行室内土壤水分穿透曲线的测定。

3.3.3　染色图像处理

使用亮蓝染色示踪法研究土壤优先流，需要对染色图像进行处理，并提取相关的图像信息。本研究借助 Photoshop CS 6.0 软件和 Image ProPlus 软件对已拍摄的染色图像进行处理，具体过程如图 3-3 所示（陈晓冰，2016；姚晶晶，2018）。

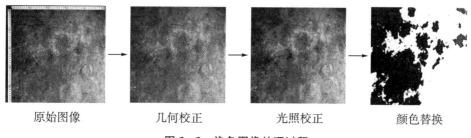

| 原始图像 | 几何校正 | 光照校正 | 颜色替换 |

图 3—3　染色图像处理过程

1. 几何校正

通常在拍摄亮蓝染色剖面的过程中，有可能受到人为扰动和环境因素的共同影响，导致拍摄到的染色图像与土壤的实际染色情况存在一定程度的差异。本研究先通过 Photoshop CS 6.0 软件对染色图像进行几何校正，再对其做后续处理。

进行几何校正时，需先将拍摄的亮蓝染色图片全部转换为 img 格式，根据 Photoshop CS 6.0 软件中图像边缘的标尺确定实际染色土壤剖面的 3 处位置点，再利用几何校正功能中多项式运算（Polynomial）方法自动识别最后一个位置点，达到几何校正的目的。然后对亮蓝染色图像进行再次分析，最后输出的图像为 jpg 格式。结合此次研究的实际需求，我们将亮蓝染色后拍摄的土壤水平剖面染色图像的分辨率设置为 2 pixel·mm^{-1}；亮蓝染色后拍摄的土壤垂直剖面染色图像的分辨率设置为 1 pixel·mm^{-1}（姚晶晶，2018）。

2. 光照校正

在野外现场拍摄时虽然使用了遮阳设备，但是得到的染色图像的采集过程与实际土壤染色情况也会存在差异。因此，我们需要以灰阶比色卡的数据作为依据对几何校正后的图像再进行光照校正，从而达到减少误差的目的。

3. 颜色替换

对亮蓝染色图像进行几何校正、光照校正后，使用 Photoshop CS 6.0 软件中的颜色替换功能，将经过前期处理的染色图像转化为灰度数字图像的数值矩阵，以便量化图像信息。其中黑色的灰度值为 0，白色的灰度值为 255。处理后的图像中黑色区域能够完全覆盖原始图像的染色区域，最后输出 tiff 格式图像。（易珍莲等，2007；陈晓冰，2016）。

3.3.4 样品分析

1. 土壤理化性质测定

我们对野外现场亮蓝染色试验挖掘的土壤水平剖面染色样品进行土壤物理、化学性质测定。

（1）土壤物理性质测定。

对所采集的土壤样品进行土壤容重、土壤含水量、土壤机械组成（土壤质地）、土壤持水因子和土壤孔隙度的测定。土壤容重、土壤持水因子和土壤孔隙度等均可通过室内环刀法测定（陈晓冰，2016），土壤含水量采用 TDR 仪（型号为 HD2，德国产）进行现场测定，土壤机械组成采用激光粒度分析仪进行室内测定。

（2）土壤化学性质测定。

采用室内重铬酸钾稀释热法测定土壤有机质含量（陈晓冰，2016）。

2. 水分穿透曲线测定

结合既有研究方法，本试验以 10 cm 压力水头进行水分穿透曲线测定（Water Breakthough Curves）（Jarvis，2007；王伟，2011）。使用土壤水分渗透仪（ST－70A 型）专用环刀对 25 mm 入渗水量条件下的各层土壤染色区中根系集中分布区域进行原状土壤采样（且分别取三个重复样），将环刀中的土样浸泡在清水中，24 h 后将到达饱和状态的土样取出并静置在实验室内的网格置物架上 12 h，目的是使土样含水量达到田间持水量。将配套供水的马氏瓶压力调节为 10 cm 恒定水头，对土样进行水分穿透曲线测定。试验开始后，当土样渗透仪水流出口有水流流出时，以 5 s 为计量周期采集水流出流量，直到土样渗透仪水流出速率不再变化为止（Radulovich 等，1989）。

3. 植物根系测定

在进行野外亮蓝染色示踪试验时，需要分别统计每层土壤中植物的根孔数量，并将不同区域的植物根系分开收集以用于后续试验。陈晓冰（2016）将亮蓝染色剖面挖掘出的植物根系进行径级划分（≤1.0 mm，1.0～2.5 mm，2.5～5.0 mm，5.0～10.0 mm；>10.0 mm），利用实验室的根系扫描分析系统（WinRHI 2.0 Pro 2005）计算得出每层土壤内相应的根长密度，并将烘箱调到

75℃进行烘干，求出对应根长密度的根重密度值，并求出每层土壤（50 cm×
50 cm×10 cm）中植物平均根径量。

3.3.5 数据分析

本研究使用 Photoshop CS 6.0、Microsoft Excel 2016 和 Image ProPlus 等
软件对亮蓝染色示踪剂染色后的染色图像进行分析。通过 JMP 2013 中的单因
素方差分析研究不同植被类型土壤优先流特征的差异；并利用生态学软件
Programita 2014 进行空间关联性分析，以 Spearman 相关分析法分析永定河平
原南部三种典型植被类型优先流染色面积比与土壤环境之间的关系。

4 永定河典型植被类型土壤
优先流形态特征

地表植被类型、土壤质地和土壤剖面内的孔隙结构特征促使部分土壤水分和溶质发生土壤优先流现象（Luxmoore 等，1990；陈晓冰，2016）。土壤冻融循环、干湿交替、地表植物生长和土壤生物活动等因素使土壤孔隙结构在空间尺度上差异较大，形成了含有大孔隙等优先路径的土壤结构。当发生土壤优先流时，不同剖面表现出不同的形态特征。

染色示踪法是研究土壤优先流发生和发展的最常用的分析方法（王伟，2011）。著者采用亮蓝染色示踪法对永定河三种典型植被类型土壤进行优先流特征研究，通过染色图像的处理得到样地土壤染色形态特征参数，分析亮蓝染色示踪剂在土壤运移过程中所形成的染色形态特征，进而揭示三种典型植被类型土壤优先流的空间形态特征及形态空间变化规律。

4.1 土壤优先流空间形态特征

本研究使用 4 g·L^{-1} 的亮蓝染色示踪剂，分别以 21 L（25 mm 入渗水量）和 50 L（60 mm 入渗水量）溶液量对研究区三种典型植被类型（柳树、荆条和狗尾草）总计 12 个样地进行野外土壤优先流试验，选择典型剖面进行染色示踪试验。有结论指出，利用垂直剖面染色图像可以很好地分析出土壤优先流染色形态特征（Markus 等，1994；Bargués Tobella 等，2014）。本研究共拍摄了 36 张垂直剖面染色图像，并对每张垂直剖面染色图像进行染色形态特征分析，应用 Image ProPlus 软件输出的二值矩阵（0,255）对各样地的垂直剖面进行优先流染色形态特征分析。

（1）土壤剖面染色面积比。

本书中，土壤剖面染色面积比（D_c）主要是用来表达优先流的发育程度。当土壤中水流的运移形式以优先流为主时（$D_c < 80\%$），染色面积比越大，

优先流发育程度越明显（陈晓冰等，2015）。

$$D_C = \frac{D}{D + N_D} \times 100\%$$ (4-1)

式中：D_C——土壤剖面染色面积比（%）；

　　　D——土壤剖面中亮蓝染色区域的总面积（cm^2）；

　　　N_D——土壤剖面中未染色区域的总面积（cm^2）。

（2）优先流比。

优先流比指在整个土壤垂直剖面中优先流染色区面积（不包括基质流区）占总染色区面积的比例，值越大，说明土壤中优先流发育程度越好（Schaik，2009）。

$$P_F = (1 - \frac{U_F \cdot W}{D_T}) \times 100\%$$ (4-2)

式中：P_F——优先流比（%）；

　　　U_F——基质流深度，指土壤剖面中 $D_C > 80\%$ 时的土层厚度（cm）；

　　　W——土壤剖面在水平方向上的距离（cm）；

　　　D_T——土壤剖面总染色区的面积（cm^2）。

（3）优先流长度指数。

优先流长度指数（L_i）越大，说明土壤优先流发育程度越高（姚晶晶，2018）。

$$L_i = \sum_{i=1}^{n} |D_{C(i+1)} - D_{Ci}|$$ (4-3)

式中：L_i——优先流长度指数（%）；

　　　$D_{C(i+1)}$，D_{Ci}——第 $i+1$ 层和第 i 层的土壤剖面染色面积比（%）；

　　　n——在土壤剖面垂直方向上的土层数（层）。

因为本研究中涉及土壤剖面数量较多，所以每个样地只选取一个土壤垂直染色剖面，并结合统计学显著性分析，对柳树样地、荆条样地和狗尾草样地的土壤垂直剖面染色图像形态特征参数进行单因素方差分析。

4.1.1　柳树样地优先流发生与形态特征

柳树样地土壤垂直剖面染色形态图像如图 4-1 所示，其中样地 WP1～WP3 土壤剖面施用的亮蓝染色剂的量为 21 L，样地 WP4 剖面施用量为 50 L，分别分析在不同入渗水量条件下土壤水分的运移过程。根据柳树样地所有土壤垂直剖面染色图像形态特征参数（见表 4-1），并在每个染色样地展示一张垂直染色剖面为例，分析柳树样地优先流染色形态特征。

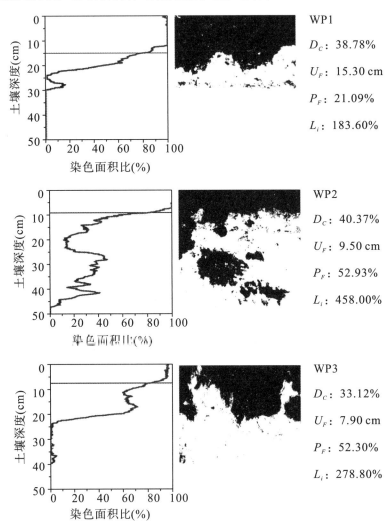

WP1

D_C：38.78%

U_F：15.30 cm

P_F：21.09%

L_i：183.60%

WP2

D_C：40.37%

U_F：9.50 cm

P_F：52.93%

L_i：458.00%

WP3

D_C：33.12%

U_F：7.90 cm

P_F：52.30%

L_i：278.80%

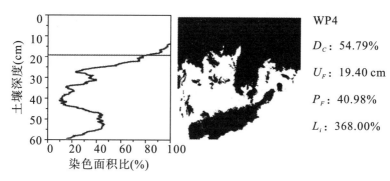

WP4

D_C: 54.79%

U_F: 19.40 cm

P_F: 40.98%

L_i: 368.00%

图 4-1 柳树样地土壤垂直剖面染色形态图像

表 4-1 柳树样地土壤垂直剖面染色图像形态特征参数

形态特征	样地	最大值	最小值	平均值±标准差
D_C（%）	WP1	46.46	38.78	42.83±3.86
	WP2	43.87	40.37	42.45±1.84
	WP3	34.94	33.12	34.01±0.91
	WP4	59.65	51.34	55.26±4.18
U_F（cm）	WP1	20.30	15.30	18.03±2.53
	WP2	18.50	9.50	13.40±4.62
	WP3	10.70	7.90	8.97±1.51
	WP4	25.40	19.40	22.40±3.00
P_F（%）	WP1	21.09	12.61	16.05±4.47
	WP2	52.93	15.66	37.34±19.37
	WP3	52.30	38.75	47.39±7.50
	WP4	40.98	12.74	22.85±15.73
L_i（%）	WP1	204.40	178.00	188.67±13.91
	WP2	458.00	212.80	309.07±130.81
	WP3	278.80	214.40	239.13±34.70
	WP4	368.00	187.60	258.40±96.26

图 4-1 中，样地 WP1、WP2 和 WP3 的土壤剖面中染色最大深度在 30～50 cm 之间，样地 WP4 的土壤剖面中染色深度最大，接近 60 cm，且在各土壤剖面中染色区域成不均匀分布，部分染色区域在垂直方向上成条状。该结果表明土壤中有明显的优先流现象，且各土壤剖面具有垂直独立的条状优先路径存

在，大部分优先路径与表层土壤连通。与其他样地相比，WP4 土壤剖面的最大入渗深度最深且染色形态特征更加清晰。该结果可能由于入渗水量的增加，增大了水头压力，促进土壤水分向深层运移。样地 WP2 和 WP4 中均出现与土壤表层优先流染色区域相对独立的染色区域，表明该区域优先流在垂直运移的同时又发生了大量的侧向运移。该结果可能是该区域具有大量倾斜的优先路径，从而促进优先流侧向运移；亦可能是该区域优先路径阻塞，水分垂直运移路径受阻造成水分积聚，进而促进土壤水分侧向运移（陈晓冰，2016）。

染色面积比（D_C）越大，说明土壤染色面积越大。当土壤发生优先流现象时说明水分和溶质沿着优先路径快速运移至深层土壤（Aeby 等，1997）。在图 4-1 中均存在优先流集中发生区，即条形染色区域。染色面积比越大，剖面中存在的独立或条形染色区域相对越少，优先流现象越不明显（Markus 等，1994）。在本研究中，样地 WP1 的垂直剖面染色面积比为 38.78%～46.46%，样地 WP2 垂直剖面的染色面积比为 40.37%～43.87%，样地 WP3 的垂直剖面染色面积比为 33.12%～34.94%，样地 WP1、WP2 和 WP3 垂直剖面的平均染色面积比分别为 42.83%、42.45% 和 34.01%，表明在样地 WP1、WP2 和 WP3 进行相同入渗水量的试验，但由于各样地的地理位置、土壤结构以及植物根系分布等因素存在一定的差异，可能导致优先流的发生存在一定的空间变异性（李伟莉，2007；陈晓冰，2016）。此外，样地 WP4 中的垂直剖面染色面积比（51.34%～59.65%）和平均染色面积比（55.26%）均显著大于其他样地，表明入渗水量的增加，显著增大了优先流的运移区域。

基质流深度（U_F）反映了土壤优先流开始发生时的临界深度，当入渗水量相同时，U_F 的值越大表明土壤表层水分均匀入渗深度越深，出现优先流现象越迟缓（Schaik，2009）。本研究也将基质流区定义为染色面积比大于 80% 的区域。结果显示，样地 WP1 的基质流深度在 15.30～20.30 cm 之间，平均基质流深度为 18.03 cm；样地 WP2 的基质流深度在 9.50～18.50 cm 之间，平均基质流深度为 13.40 cm；样地 WP3 的基质流深度在 7.90～10.70 cm 之间，平均基质流深度为 8.97 cm。结果表明，三个样地中优先流的发生位置有所差异，样地 WP1 的优先流发生时间最晚，样地 WP3 最早分化出优先流现象。样地 WP4 土壤剖面内优先流现象明显，在剖面中部存在明显的优先路径，在野外挖掘时发现在染色剖面中部存在一定数量的根系。这与陈晓冰（2016）植物根系促进优先流的发生和发展结论一致。

优先流比（P_F）越小，说明该样地优先流现象越不明显（Schaik，2009）。样地 WP1、WP2、WP3 和 WP4 的优先流比分别为 12.61%～

21.09%、15.66%～52.93%、38.75%～52.30%和12.74%～40.98%，样地WP1～WP4的平均值分别为16.05%、37.34%、47.39%和22.85%，优先流在水分运移中的比例大小为WP3＞WP2＞WP4＞WP1。虽然入渗水量的增加会促进优先流的发育，但发生土壤优先流的空间差异较大。

优先流长度指数（L_i）是指在土壤垂直剖面中单位土层的上下染色面积的绝对差值。该绝对差值越大，优先流现象越明显，优先流发生区显著高于未染色区（Bargués Tobella 等，2014）。样地 WP1 的优先流长度指数在178.00%～204.40%之间，样地 WP2 的优先流长度指数在212.80%～458.00%之间，样地 WP3 的优先流长度指数在214.40%～278.80%之间，样地 WP4 的优先流长度指数在187.60%～368.00%之间，样地 WP1～WP4 的平均值分别为188.67%、309.07%、239.13%和258.40%，表明样地 WP2 中的优先流现象较其他样地明显。样地 WP3 的染色面积比在剖面中成现宽峰态变化，且主要集中在10～30 cm土层，峰态数量相对较少，较样地 WP2 变化不明显。而陈晓冰（2016）在对四种土地利用类型优先流的研究中发现，染色面积比成多峰变化时，比峰态数量少的样地优先流更发育。

4.1.2　荆条样地优先流发生与形态特征

荆条样地土壤垂直剖面染色形态图像如图 4-2 所示，其中样地 VP1～VP3 土壤剖面施用的亮蓝染色剂的量为 21 L，样地 VP4 剖面施用量为 50 L，分别分析不同入渗水量条件下土壤水分的运移过程。根据荆条样地所有土壤垂直剖面染色图像形态特征参数（见表 4-2），并在每个染色样地展示 1 张垂直染色剖面，分析荆条样地优先流染色形态特征。

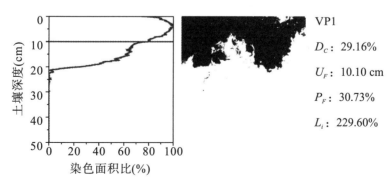

VP1

D_C: 29.16%

U_F: 10.10 cm

P_F: 30.73%

L_i: 229.60%

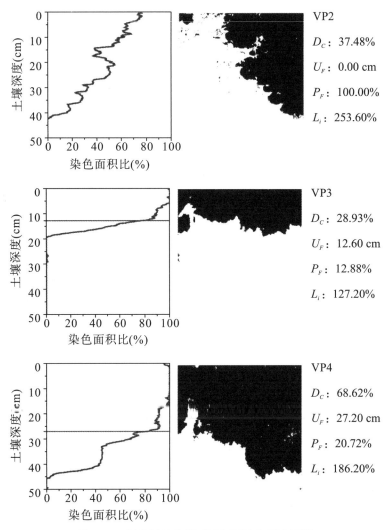

图4-2 荆条样地土壤垂直剖面染色形态图像

表4-2 荆条样地土壤垂直剖面染色图像形态特征参数

形态特征	样地	最大值	最小值	平均值±标准差
D_C（％）	VP1	38.37	28.18	31.90±5.62
	VP2	58.75	37.48	46.64±10.94
	VP3	30.05	28.93	29.40±0.58
	VP4	68.62	56.43	62.43±6.10

形态特征	样地	最大值	最小值	平均值±标准差
U_F（cm）	VP1	17.00	10.00	12.37±4.01
	VP2	23.20	0.00	14.27±12.49
	VP3	12.60	9.40	11.53±1.85
	VP4	27.20	20.40	24.27±3.49
P_F（%）	VP1	30.73	11.39	23.71±10.70
	VP2	100.00	10.25	43.76±49.00
	VP3	37.43	12.88	21.35±13.93
	VP4	34.45	10.68	21.95±11.93
L_i（%）	VP1	229.60	184.00	210.47±23.67
	VP2	283.00	196.00	244.20±44.26
	VP3	206.00	103.60	145.60±53.62
	VP4	186.20	142.00	157.80±24.65

通过对比荆条样地和柳树样地土壤垂直剖面染色形态图像发现，荆条样地土壤优先流的分化程度明显小于柳树样地。其中，样地 VP2 中优先流在土层中的发生范围为 0～50 cm 深度，即从土壤表层开始发生优先流现象，直到土层底部。在挖掘土壤剖面时发现染色图像右侧出现大量的荆条主根系，使得染色剂沿着荆条根系产生的孔隙通道向土壤底部运移。而样地 VP1 和 VP3 优先流的最大入渗深度分别为 27.4 cm 和 29.3 cm，优先流现象不明显，可能是染色区土壤大孔隙较少，使得染色剂多以基质流的形式向深层土壤中运移。样地 VP1 和 VP4 均存在土壤水分优先运移现象，可能是两个样地剖面中不存在植物根系孔道等大孔隙，优先流现象不明显，而样地 VP4 入渗水量的增加也加大了土壤基质流染色深度。

通过对比荆条样地土壤垂直剖面染色图像形态特征参数发现，样地 VP1 和 VP3 的染色面积比相近，分别在 28.18%～38.37% 和 28.93%～30.05% 之间，平均染色面积比分别为 31.90% 和 29.40%；样地 VP2 的染色面积比大于样地 VP1 和 VP3，在 37.48%～58.75% 之间，平均染色面积比为 46.64%；样地 VP4 的染色面积比最大，为 56.43%～68.62%，平均染色面积比为 62.43%。这与 Markus 的研究结果不同，可能的原因是样地 VP1、VP3 和 VP4 土层中大孔隙等优先路径较少，染色剂多以基质流的形式向下运移

（Markus 等，1994）。

样地 VP1、VP2、VP3 和 VP4 的基质流深度分别为 10.0~17.0 cm、0~23.2 cm、9.4~12.6 cm 和 20.4~27.2 cm，样地 VP1~VP4 的平均值分别为 12.37 cm、14.27 cm、11.53 cm 和 24.27 cm。说明在荆条样地和柳树样地的表层土壤中均有明显的基质流现象发生，且荆条样地的基质流深度相对于柳树样地更深，而样地 VP2 出现了柳树样地没有的 0 cm 基质流深度现象，说明由于土壤中植物生长根系形成优先路径的影响，优先流的发生程度差异较大（姚晶晶，2018）。

样地 VP1 和 VP3 的优先流比相近，分别为 11.39%~30.73% 和 12.88%~37.43%，样地 VP2 的优先流比为 10.25%~100.00%，VP4 的优先流比为 10.68%~34.45%，样地 VP1~VP4 的平均值分别为 23.71%、43.76%、21.35% 和 21.95%，说明样地 VP2 优先流在水分运移中所占比例最大，其他三个样地的优先流水分运移比例相近。

对优先流长度指数进行计算时发现，样地 VP1 和 VP3 的优先流长度指数分别为 184.00%~229.60% 和 103.60%~206.00%，样地 VP2 的优先流长度指数为 196.00%~283.00%，样地 VP4 的优先流长度指数为 142.00%~186.20%，样地 VP1~VP4 的平均值分别为 210.47%、244.20%、145.60% 和 157.80%，表明样地 VP2 的优先流现象最明显，样地 VP3 的优先流现象最不明显。

4.1.3 狗尾草样地优先流发生与形态特征

通过研究狗尾草样地土壤垂直剖面染色形态图像（图 4-3）及狗尾草样地土壤垂直剖面染色的形态特征参数（见表 4-3）发现，样地 SP1、SP2 和 SP3 的最大染色深度分别为 30 cm、35 cm 和 30 cm，其最大染色深度显著小于柳树样地和荆条样地，即狗尾草样地中土壤水分运移区域较浅，主要发生在 0~30 cm 土壤深度内。可能是因为狗尾草根系主要生长和分布在表面土层（0~20 cm），形成一定的优先路径，对下层土壤影响较小造成的。这与陈晓冰（2016）研究发现草本植物根系分布较浅，对优先路径的连通性有一定的影响，优先流染色形态变化程度较低的结论相一致。

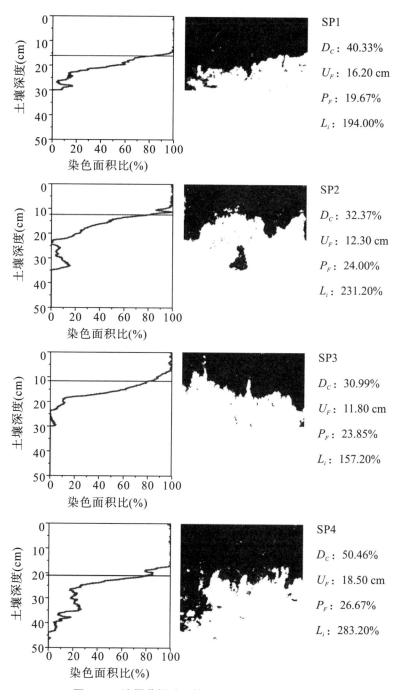

图 4－3　狗尾草样地土壤垂直剖面染色形态图像

表4-3 狗尾草样地土壤垂直剖面染色图像形态特征参数

形态特征	样地	最大值	最小值	平均值±标准差
D_C（%）	SP1	40.33	28.48	33.46±6.15
	SP2	32.37	31.18	31.62±0.65
	SP3	32.59	28.20	30.60±2.23
	SP4	53.15	43.40	49.00±5.03
U_F（cm）	SP1	16.20	10.20	12.60±3.17
	SP2	12.80	12.40	12.50±0.26
	SP3	13.90	11.40	12.37±1.34
	SP4	20.30	17.20	18.67±1.56
P_F（%）	SP1	35.37	19.67	24.99±8.99
	SP2	24.00	18.27	20.91±2.89
	SP3	23.85	14.71	19.24±4.57
	SP4	26.67	20.74	23.67±2.97
L_i（%）	SP1	194.00	115.60	146.00±42.06
	SP2	231.20	146.40	175.87±47.95
	SP3	157.20	125.60	142.93+16.02
	SP4	285.20	277.00	281.80±4.28

  通过分析狗尾草样地的土壤垂直剖面染色图像形态特征参数发现，样地SP1、SP2、SP3和SP4的染色面积比分别为28.48%~40.33%、31.18%~32.37%、28.20%~32.59%和43.40%~53.15%，各样地的平均值分别为33.46%、31.62%、30.60%和49.00%。该结果表明，样地SP1、SP2和SP3具有相似的优先流变化趋势。而样地SP4的染色面积比明显高于其他三个样地，入渗深度达到50 cm，这也验证了入渗水量的增加提高了土层间水势梯度差，加快了土壤水分及溶质的均匀下渗速度（王伟，2011；姚晶晶，2018）。

  分析狗尾草样地的基质流深度发现，样地SP1、SP2、SP3和SP4的基质流深度分别为10.2~16.20 cm、12.40~12.80 cm、11.40~13.90 cm和17.20~20.30 cm，平均值分别为12.60 cm、12.50 cm、12.37 cm和18.67 cm。样地SP1~SP3的优先流初始位置相近。样地SP4的基质流深度大于其他三个样地，主要是因为在相同植被条件下，入渗水量的增加加大了土壤基质流的入渗深度。

通过计算可以得到，样地 SP1、SP2、SP3 和 SP4 的优先流比分别为
19.67%～35.37%、18.27%～24.00%、14.71%～23.85% 和 20.74%～
26.67%，各样地的平均值分别为 24.99%、20.91%、19.24% 和 23.67%，由
此可知优先流在水分运移中的比例大小为 SP1>SP4>SP2>SP3。

通过计算发现，样地 SP1、SP2、SP3 和 SP4 的优先流长度指数分别为
115.60%～194.00%、146.40%～231.20%、125.60%～157.20% 和 277.00%～
285.20%，各样地的平均值分别为 146.00%、175.87%、142.93% 和 281.81%。
样地 SP2 的染色面积比集中在 10～40 cm 土壤深度，而样地 SP1 和 SP3 的染色面
积比集中在 10～30 cm 土壤深度，且样地 SP2 在染色剖面中部出现侧向水流染色
情况，较样地 SP1 和 SP3 的优先流现象更为明显。

4.1.4 三种典型植被样地优先流染色形态特征关系

本研究通过染色示踪试验得到的水分在土壤中运移的土壤垂直剖面染色图
像，计算相应的土壤染色形态特征参数，并分析其优先流染色形态特征。三种
典型植被类型土壤在 25 mm 入渗水量下的优先流染色形态特征关系如图 4-4
所示。

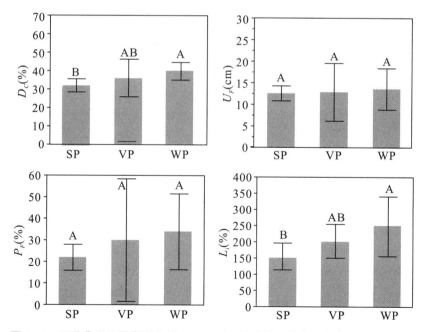

图 4-4 三种典型植被类型土壤在 25 mm 入渗水量下优先流染色形态特征关系

对于染色面积（Dc）比而言，三种典型植被类型之间表现为柳树样地（39.76%）>荆条样地（35.98%）>狗尾草样地（31.89%），柳树样地与狗尾草样地之间差异显著（$P<0.05$），其平均染色面积比（39.76%）也最大，约是狗尾草样地的1.25倍。其原因是柳树样地的基质流深度（13.47 cm）相对较大，总染色面积较高，因此造成了柳树样地的染色面积比的值最大。

对于基质流深度（U_F）和优先流比（P_F）而言，三种典型植被类型之间表现为柳树样地（13.47 cm）>荆条样地（12.72 cm）>狗尾草样地（12.49 cm）和柳树样地（33.59%）>荆条样地（29.61%）>狗尾草样地（21.71%），但三种典型植被类型的两个指标均表现出差异不显著（$P>0.05$）。造成基质流深度差异不显著的原因是土壤均为松砂土，且土壤水分含量较低，在染色溶液入渗时水分多以整体均匀入渗的形式向下运移，相应的优先流染色形态分化现象较弱。三种典型植被类型优先流比差异不显著，说明三种典型植被类型之间样地优先流发生程度相近，而优先流比最小的狗尾草样地比柳树样地相差11.88%，说明优先流染色形态分化现象不明显。

三种典型植被类型所对应的L_i表现出柳树样地（245.62%）与狗尾草样地（154.93%）之间差异显著（$P<0.05$），荆条样地（200.09%）与其他两种植被差异均不显著（$P>0.05$）。这说明柳树样地与狗尾草样地土壤染色面积沿土壤深度的空间变化程度和趋势差异较大，这与土壤染色面积比指标的结论一致。

三种典型植被类型在25 mm和60 mm两种入渗水量条件下土壤垂直剖面染色形态特征参数见表4-4。在三种典型植被类型样地中土壤垂直剖面染色面积比（Dc）表现出差异显著（$P<0.05$），其他三个指标均表现出差异不显著（$P>0.05$），这与图4-4所示的25 mm入渗水量下优先流染色面积比结果一致。

在不同入渗水量条件下，土壤垂直剖面染色面积比和基质流深度（U_F）均表现出差异极显著（$P<0.0001$），而优先流比（P_F）和优先流长度指数（L_i）表现出差异不显著（$P>0.05$）。这说明入渗水量的增加延长了降水历时，增加了土壤基质流入渗深度，基质流区染色面积比值占总染色面积的比值增大。而入渗水量的增加对三种典型植被类型土壤优先流过程和优先流染色形态分化现象影响不显著。

优先流长度指数（L_i）表现出差异显著（$P<0.05$），说明三种典型植被类型在不同入渗水量条件下土壤染色面积沿土壤深度的空间变化程度和趋势差异较大，即土壤优先流现象明显。

表 4-4 三种典型植被类型在 25 mm 和 60 mm 两种入渗水量条件下

土壤垂直剖面染色形态特征参数

形态特征	不同植被类型		入渗水量		双因素分析（不同植被类型及入渗水量）	
	F 值	P 值	F 值	P 值	F 值	P 值
D_C	4.59	0.0183	61.79	< 0.0001	1.86	0.1732
U_F	1.05	0.3632	25.90	<0.0001	0.79	0.4641
P_F	0.21	0.8112	0.62	0.4382	0.30	0.7423
L_i	3.13	0.0581	1.85	0.1838	4.36	0.0218

综上所述，不同入渗水量条件下对三种典型植被类型样地土壤垂直剖面染色面积比和基质流深度影响存在显著的差异性，其中柳树样地最早发生优先流现象，而狗尾草样地优先流发生存在明显滞后。三种典型植被类型对应的优先流染色形态分化程度表现为柳树样地>荆条样地>狗尾草样地。

4.2 优先流形态空间变化规律

4.2.1 优先流形态在垂直方向上的变化规律

对三种典型植被类型土壤剖面中染色形态信息的提取，根据体视学原理，通过染色图像（垂直和水平方向）中一定间隔范围的染色面积比来探究不同植被类型优先流形态空间变化规律（Droogers 等，1998）。本研究即通过分析三种典型植被类型土壤的染色面积比在土壤垂直方向上的变化情况得出三种典型植被类型优先流形态在垂直方向上的变化规律。

1. 柳树样地染色面积比在垂直方向上的变化情况

如图 4-5 所示，四个柳树样地中样地 WP4 的染色深度最深（为 60 cm），其中样地 WP1~WP3 平均染色深度为 42.5 cm。样地 WP1 和 WP3 的染色面积比在垂直方向上的变化情况相似，分别在深度 15 cm 和 20 cm 处成快速减小趋势，而在深度 30 cm 以下的染色面积比均不超过 10%，一直延伸到深度 40 cm 的剖面底层。样地 WP2 中，在深度 10~20 cm 范围内染色面积比随土层深度的增加从大于 80% 迅速减小到近 30%，而在深度 20~50 cm 范围内，染色面积比随土壤深度的增加而减小的速率变小。值得注意的是，染色面积比在深度为 40~45 cm 土层出现明显增大的峰值（增大 5%~20%）。该结果表明，与样地 WP1 和 WP3 相比，样地 WP2 的优先流分异现象更加明显，可能存在土壤水分沿着特定优先流通道运移至深层土壤的情况。

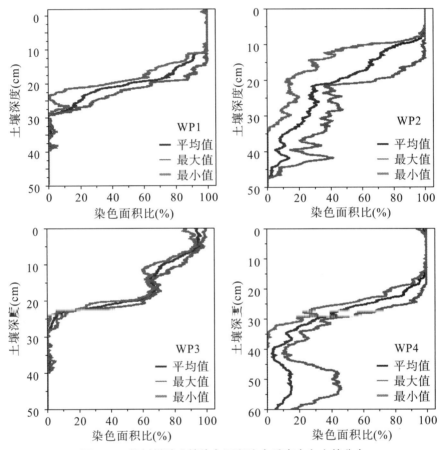

图 4-5　柳树样地土壤染色面积比在垂直方向上的分布

在样地 WP4 中，深度为 0~20 cm 的土层染色面积比变化较小，且均在 80% 以上。深度为 20~40 cm 的土层染色面积比快速减小，在相同土壤深度范围内水分运移形式与样地 WP2 相似，但其染色面积比较高。该结果表明，随入渗水量的增大，土壤中基质流深度增大，进而造成较大的土壤水势梯度，促进优先流在深层土壤中的发育情况（Kulli 等，2003）。

2. 荆条样地染色面积比在垂直方向上的变化情况

荆条样地染色面积比在垂直方向上的分布如图 4-6 所示，样地 VP1 和 VP3

的最大染色深度约为 30 cm，样地 VP2 和 VP4 的最大染色深度约为50 cm。该结果可能是由于样地 VP2 中垂直土壤剖面中的荆条主根系贯穿了深度为 0~50 cm 的土层，样地 VP4 入渗水量的增加加大了土壤基质流的染色深度，从而使得整个染色面积比下移。样地 VP1~VP3 平均染色深度为 34.7 cm，比柳树样地平均染色深度小 7.8 cm，说明荆条样地的优先流发生区相比柳树样地有所降低。

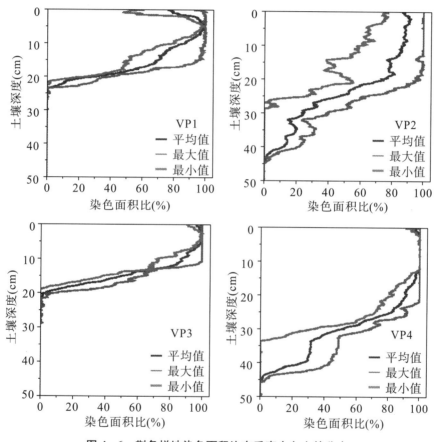

图 4-6 荆条样地染色面积比在垂直方向上的分布

样地 VP1 和 VP3 的土壤剖面中，染色面积比在垂直方向上成均匀变化，没有显著的峰值出现。在深度为 10~20 cm 土层范围染色面积比下降迅速，20 cm 以下土层深度的染色面积比不到 3%。在样地 VP2 中，在深度为 10~50 cm 的土层范围染色面积比随土壤深度的增加降低较缓。以上结果表明，样地 VP2 的优先流现象比样地 VP1 和 VP3 的分异程度更大。

样地 VP4 土壤剖面基质流深度为 27.20 cm；染色面积比在深度为 0~20 cm 的范围分布均匀，且差异较小，在深度为 20~35 cm 的范围迅速下降，在深度为 35～40 cm 的范围分布均匀。

3. 狗尾草样地染色面积比在垂直方向上的变化情况

如图 4-7 所示，狗尾草样地 SP1～SP3 的平均染色深度为 31.6 cm，较柳树样地（42.5 cm）和荆条样地（34.7 cm）低。狗尾草样地 SP1～SP3 表现出染色区整体上移的现象，染色面积比在深度为 15～20 cm 的土层范围快速减小，深度为 20 cm 以下时均不超过 20%，但有明显的峰值。从染色面积比随土壤深度的变化中得出狗尾草样地优先流多发生在土壤浅层。在样地 SP4 中，深度为 20～30 cm 的土层范围的染色面积比成 W 形小锯齿状变化，该结果可能与狗尾草根系生长范围有一定的联系，说明优先流受植物根系影响较大（陈晓冰，2016）。

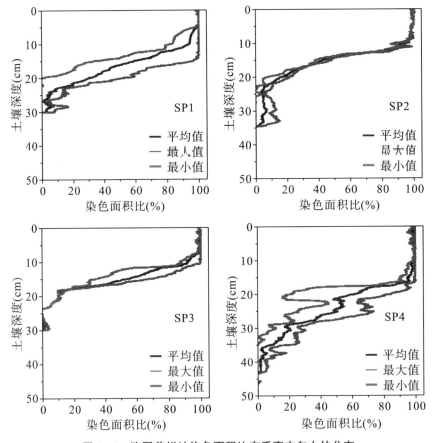

图 4-7　狗尾草样地染色面积比在垂直方向上的分布

4. 染色面积比与土壤深度的关系

分析比较三种典型植被类型土壤垂直剖面染色面积比在垂直方向上的变化情况，发现土壤水分在运移过程中会在土壤表层发生基质流，随后分化形成优先流。三种典型植被类型土壤的基质流平均深度范围分别是：柳树样地 7.9～20.3 cm、荆条样地 0～23.2 cm、狗尾草样地 10.2～16.2 cm。其多以土壤水分整体均匀的形式垂直入渗。在土壤优先流集中发生区，土壤水分由基质流过渡到明显优先流形态分化状态，染色面积比降低至 20% 以下，即土壤水分沿着优先路径快速运移至深层土体，且表现出明显的水流不均匀现象。

为进一步探讨优先流形态在土壤垂直剖面上的变化规律，将所研究的三种典型植被类型共 12 个样地土壤剖面平均染色面积比（y）随土壤深度（x）的变化进行相关性分析，拟合得出二者的对应关系，其表达式如下：

$$y = ax + b \qquad (4-4)$$

式中：y——土壤剖面平均染色面积比（%）；

$\quad\quad a$，b——拟合结果的经验参数；

$\quad\quad x$——土壤深度（cm）。

三种典型植被类型的土壤剖面平均染色面积比与土壤深度拟合模型中决定系数 R^2 的值的范围为 0.739～0.943，且拟合经验系数 a 为负值（见表 4-5）。该结果表明，本研究的拟合结果与实际染色剂在土壤垂直方向的分布相似，且土壤基质流和优先流之间相互影响，土壤深度越大，土壤水分的主要运移形式由基质流转变为优先流。

表 4-5　土壤剖面平均染色面积比与土壤深度的拟合关系

类型	样地编号	a	b	R^2
柳树样地	WP1	−2.820	113.50	0.872
	WP2	−2.367	101.80	0.931
	WP3	−2.429	94.89	0.843
	WP4	−2.124	113.00	0.848
荆条样地	VP1	−2.446	93.61	0.793
	VP2	−2.341	105.30	0.943
	VP3	−2.417	89.97	0.739
	VP4	−2.472	124.40	0.907

类型	样地编号	a	b	R^2
狗尾草样地	SP1	-2.537	97.04	0.822
	SP2	-2.448	92.98	0.775
	SP3	-2.470	92.50	0.757
	SP4	-2.745	117.80	0.927

详细来说，柳树样地、荆条样地和狗尾草样地的决定系数 R^2 的平均值为 0.874、0.846 和 0.820，其中柳树样地拟合精度最高，狗尾草样地拟合精度最低。这主要是因为柳树样地和荆条样地土壤垂直剖面上的染色形态分化程度和离散程度均高于狗尾草样地，优先流现象更加明显，但由于相对应的土壤水分的基质流迁移表现显著，在一定程度上提高了拟合精度（陈晓冰，2016）。

5. 优先流形态对入渗水量的响应

在对三种典型植被类型土壤的染色面积比在垂直方向上的变化情况的研究中可以发现，采用 60 mm 入渗水量的染色试验，样地 WP4、VP4 和 SP4 这 3 处样地的优先流现象比采用 25 mm 入渗水量的染色试验的其他 9 处样地的优先流更为明显。同时，60 mm 入渗水量条件下土壤基质流过程更显著，土壤水分向底层土壤区域运移。

通过分析两种入渗水量条件下土壤垂直剖面染色面积比，入渗水量对土壤剖面内的基质流深度和优先流分化程度有一定影响。本研究采用两种入渗水量来比较分析三种典型植被类型的优先流形态对入渗水量的响应。在染色试验中，由于基质流入渗深度较深，优先流分化程度较低，我们将优先流集中发生区域的染色面积比的上限定在 40% 左右。将此值带入表 4-5 中，分析在不同入渗水量条件下，三种植被类型样地土壤水流形态分化界面深度，如图 4-8 所示。

在不同入渗水量的染色试验中，柳树样地土壤剖面内的水流形态分化界面最深处分别为 24.9 cm 和 34.4 cm，显著高于狗尾草样地的水流形态分化界面深度（21.8 cm 和 28.3 cm）。而荆条样地和狗尾草样地在 25 mm 入渗水量条件下土壤剖面内的水流形态分化界面深度基本一致（为 23.5 cm）。分析三种典型植被类型土壤剖面的染色试验结果，入渗水量的增加均加深了水流形态分化界面深度，其中柳树样地和荆条样地土壤剖面的水流形态分化界面深度受入渗水量增加的影响大于狗尾草样地的影响。

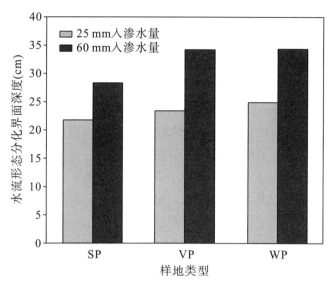

图4-8 三种典型植被类型样地土壤水流形态分化界面深度

　　三种典型植被类型样地随着入渗水量的增大，土壤的基质流运移增大，土壤水分运移整体向下；另外，三种典型植被类型样地内植物根系较多、土壤孔隙结构较多，入渗水量的增大促进了土壤孔隙相互连通形成优先流网络，增大了垂直剖面的染色面积比，从而加深了土壤水流形态分化界面深度。

4.2.2　优先流形态在水平方向上的变化规律

　　根据土壤垂直剖面染色面积比与土壤深度的关系，可以得出优先流发生和发展的变化范围（王伟，2011）。对图4-1至图4-3进行分析可知，在土壤剖面中存在部分相对独立的染色区域，反映出优先流在一定程度上取决于优先路径在土壤中的水平分布状况。因此，本研究以5 cm为间隔对土壤垂直剖面染色图像进行解析，分别统计不同水平宽度的染色面积比，以探究优先流形态在水平方向上的变化规律。

1.　柳树样地染色面积比在水平方向上的变化情况

　　柳树样地染色面积比在水平方向上的分布如图4-9所示，样地WP1、WP3和WP4均表现出双峰型分布模式，虽然染色面积比在水平方向上的分布状况较为接近，但也存在一定差异。各样地均存在两处优先流集中分布区，峰值区（WP1为53.35%、43.97%，WP3为28.34%、45.91%，WP4为

65.78%、61.64%）对应的染色剂运移显著高于其他区域，表现出高度的优先流染色形态分化现象。将各样地染色面积比最小值所在位置作为基质流发生区，染色面积比在水平方向上分布的峰值处则发生了优先流现象（陈晓冰，2016；张东旭，2018）。观察发现，样地 WP1、WP3 和 WP4 中均发现两处优先路径集中分布区，即有两处土壤发生水分运移现象，而其他区域染色剂则表现为水流整体均匀向下入渗。三个样地的峰值平均值表现为 WP4＞WP1＞WP3，说明样地 WP4 的优先流染色形态最剧烈，由于 WP4 土壤剖面试验入渗水量相比其他三个样地更高，使得土壤染色面积比峰值平均值更高，优先流现象更明显。在样地 WP4 中，不同水平宽度下染色面积比具有较大标准差，表明入渗水量的增加使得优先流染色形态变化更加剧烈（姚晶晶，2018）。此外，样地 WP3 在水平宽度为 10～30 cm 时染色面积比显著增大（16.66%～45.91%），表明在水平宽度为 10～30 cm 时优先流发生了明显的水分侧向偏移运动，即在该区域土壤水分沿着剖面中较少的狭窄通道向土壤垂直深处运移，优先流的发生更为活跃。

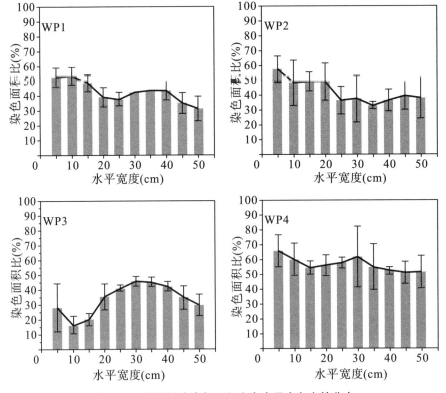

图 4-9　柳树样地染色面积比在水平方向上的分布

样地 WP2 的染色面积比表现出多峰型分布模式，共有 4 个峰值，即 57.44％、49.06％、37.53％和 39.39％。在相同入渗水量的条件下，三个样地的峰值平均值表现为 WP1（48.66％）＞ WP2（45.86％）＞ WP3（37.13％），说明样地 WP2 的优先流染色形态变化没有样地 WP1 剧烈，这与 4.1.1 节所得结论（样地 WP2 优先流现象最明显）不一致。主要是由于样地 WP1 峰值平均值略大于样地 WP2，且样地 WP1 土壤剖面中水平宽度的染色面积比的标准差值远小于样地 WP2，而土壤剖面中水平宽度的染色面积比的标准差值越大、优先流形态变化越剧烈（陈晓冰，2016），则样地 WP2 的优先流染色形态变化较样地 WP1 和 WP3 更加剧烈。

2. 荆条样地染色面积比在水平方向上的变化情况

研究发现，在荆条样地中，水平方向上的染色面积比的分布模式可分为双峰型（样地 VP1）、均匀型（样地 VP3）和单峰型（样地 VP2 和 VP4）三种，荆条样地染色面积比在水平方向上的分布如图 4-10 所示。

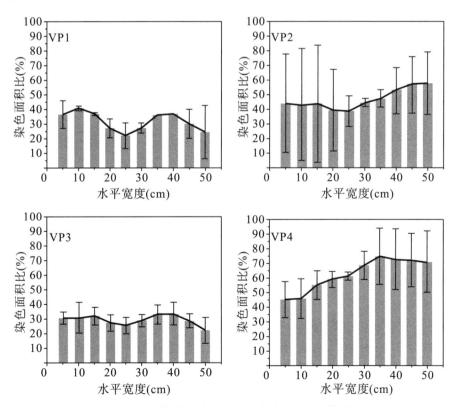

图 4-10　荆条样地染色面积比在水平方向上的分布

样地 VP1 的染色面积比为双峰型分布模式，且由于其峰值位置整体上成对称分布，染色面积比变化较小，说明在样地 VP1 中没有明显的染色剂优先传导的现象发生。而样地 VP3 的染色面积比的分布相对均匀，没有出现明显的峰值，表明染色剂在样地 VP3 中均匀下渗，整个土壤空间对染色剂的导水能力差异较小。在样地 VP2 和 VP4 中，水平方向上的染色面积比的分布较为相似，主要为单峰形态且峰值靠右，染色面积比峰值分别出现在水平宽度为 50 cm（57.66%）和 35 cm（74.00%）处，说明该处的水分运移速率显著高于其他染色区域，优先路径分布比较集中，更易发生水分优先运移的现象。由于样地 VP4 土壤剖面试验的入渗水量相比样地 VP2 更高，所以这种右偏的染色面积比在水平方向上的分布情况更为明显。

3. 狗尾草样地染色面积比在水平方向上的变化情况

狗尾草样地染色面积比在水平方向上的分布如图 4-11 所示，样地 SP3 的水平宽度为 50 cm 处染色面积比出现峰值且该峰值向右偏移分布，在样地 SP1、SP2、SP4 染色面积比分布状况相似，未出现明显降值，即表现为均匀型分布模式，染色面积比变化差异较小。

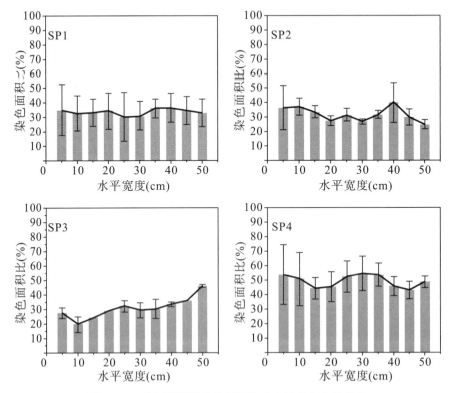

图 4-11　狗尾草样地染色面积比在水平方向上的分布

均匀型分布模式主要指无明显的优先流形态分化现象，且土壤水分运移以基质流的形态均匀入渗为主（样地 SP1 和 SP4）；亦表现为在土壤水分入渗过程中，土壤结构相似，土壤孔隙数量及孔隙的连通性相对均匀（样地 SP2），染色面积比变化幅度较小。

4. 三种植被类型土壤优先流染色形态在水平方向上的变化规律

在水平方向上，柳树样地、荆条样地和狗尾草样地的染色面积比的分布有均匀型、单峰型、双峰型和多峰型四种模式。均反映出三种典型植被类型土壤优先流染色形态在水平方向上的变化情况。

均匀型分布模式指优先流染色形态在水平方向上相对稳定且没有出现峰值，土壤水分运移以基质流的均匀入渗为主（样地 SP1 和 SP4）；也可以表示为在土壤水分入渗程中，优先路径的连通性较好，优先流在入渗过程没有受阻（样地 VP3 和 SP2）。

单峰型分布模式指土壤剖面中部分区域出现峰值，且优先路径分布不均匀，土壤水流通过该区域的优先路径快速运移至土壤深层。样地 SP3、VP2 和VP4 在土壤水平中心位置的两侧出现单峰型分布模式，土壤优先流侧向运移。

双峰型分布模式指在土壤剖面内存在两处染色面积比峰值，且两处峰值大小和范围较为相似（样地 WP3）。双峰型分布模式的存在亦可表明在水平方向上土壤入渗性能显著降低，使得相对均匀的单峰型分布模式发展为双峰型分布模式（样地 WP1、WP4 和 VP1）。

多峰型分布模式指土壤水分运移过程中优先流分化程度较高。多存在优先路径分布较密集、染色形态变化程度较高，在整个土壤剖面的染色图像水平方向上存在三个及以上的优先流集中发生区域，优先流染色形态变化和发展程度显著高于其他三种分布模式（样地 WP2）。

结合三种典型植被类型土壤垂直剖面染色形态图像（图 4-1 至图 4-3）与不同样地土壤染色面积比在水平方向上的分布（图 4-9 至图 4-11），我们发现优先流形态在土壤水平方向上的变化主要受土壤中存在的植物根系以及土壤孔隙结构等因素的影响。在均匀型分布模式的土壤剖面中，土壤结构相似且存在浅层根系生长痕迹，土壤水流传导能力相对均匀，在水平方向上没有显著差异，即发生优先流时其染色形态变化程度较低；在单峰型、双峰型和多峰型分布模式的土壤剖面中，可能是由于植物生长根系和腐烂根系对优先流具有一定的驱导作用，加上该区域大量的优先路径组成了较为连通的优先流网络。这与陈晓冰（2016）的研究结论一致，即峰部土壤优先路径数量较多，优先流更发育。

综上得出，柳树样地、荆条样地和狗尾草样地的染色面积比在水平方向上的分布模式为多峰型、双峰型、单峰型—双峰—均匀型共同存在的混合型和均匀型四种。所对应的优先流染色形态发育程度表现为：柳树样地 > 荆条样地 > 狗尾草样地。

4.3　不同入渗水量条件下优先流染色面积变异性分析

通过研究三种典型植被类型土壤垂直剖面图像，入渗水量的变化对各样地存在不同程度的影响。因此，不同入渗水量对样地优先流形态的影响也不同。为了准确分析优先流染色面积的变异性特征，以体视学原理为基础，根据染色面积比在垂直和水平方向上的分布，在不考虑基质流区影响的情况下，计算在土壤垂直剖面中优先流发生区的染色面积比变异系数（C_v）（梁建宏等，2017）。

$$C_v = \frac{\sqrt{\dfrac{1}{N-1}\sum_{i=1}^{N}(x_i - \overline{x})^2}}{\dfrac{1}{N}\sum_{i=1}^{N}x_i} \tag{4-5}$$

式中：N——优先流发生区土层数量（层）；

C_v——染色面积比变异系数；

$\overline{x}$——优先流染色面积比的平均值（%）；

x_i——土壤剖面在深度为 i 处的染色面积比（%）。

优先流染色形态变化反映了优先流对土壤环境的响应程度，本研究将土壤水分分层评价法应用到对三种植被类型优先流染色形态的变化分析中，以揭示三种典型植被类型土壤优先流染色形态的变化程度。根据陈晓冰等（2016）定义的 4 个优先流染色形态变化程度：①相对稳定状态，即无优先流现象发生（$0 \leqslant C_v < 0.10$）；②次活跃状态，即说明存在优先流现象，但发育并不明显（$0.10 \leqslant C_v < 0.20$）；③活跃状态，即存在明显的优先流现象（$0.20 \leqslant C_v < 0.40$）；④速变状态，即存在比较明显的优先流现象（$C_v \geqslant 0.40$）。

4.3.1 柳树样地优先流染色形态空间变化

不同入渗水量条件下柳树样地优先流染色面积空间变异性见表 4－6。不同入渗水量在土壤深度为 0～20 cm 时染色面积比最大，且染色面积比随土壤深度的增加成降低的变化趋势；但染色面积比变异系数却表现出相反的趋势，即随着土壤深度的增加染色面积比变异系数值逐渐增大。这与陈晓冰等（2016）的研究结论相似，即深层土壤的染色面积比变异系数值高于表层土壤的染色面积比变异系数的值。

表 4－6 不同入渗水量条件下柳树样地优先流染色面积空间变异性

土壤深度（cm）	不同入渗水量条件下的 D_C（％）		不同入渗水量条件下的 C_v	
	25 mm	60 mm	25 mm	60 mm
0～10	96.17±6.77	99.79±0.77	0.01±0.01	0.00±0.00
10～20	73.42±19.79	97.19±4.85	0.10±0.06	0.01±0.01
20～30	22.87±18.56	61.20±23.37	0.34±0.12	0.11±0.07
30～40	4.92±10.31	15.75±11.28	0.65±0.12	0.39±0.08
40～50	4.57±9.84	8.87±14.66	0.73±0.06	0.63±0.05
50～60	—	12.00±17.94	—	0.76±0.03

在 25 mm 入渗水量条件下，对应的 5 个土壤深度范围的平均染色面积比变异系数分别为 0.01、0.10、0.34、0.65 和 0.73，反映出在土壤深度为 0～20 cm 时水流分化现象不明显，水分运移以基质流为主。研究人员在实际的野外观测中发现根系集中分布在 0～30 cm 的土壤深度范围，且多为浅根系，而在 30～50 cm 的土壤深度范围内存在独立的根系，优先流现象在深层土壤中更显著。根据染色面积比变异系数沿土壤深度的变化可知：在 25 mm 入渗水量条件下，柳树样地优先流染色形态变化程度为相对稳定→次活跃→活跃→速变。

在 60 mm 入渗水量条件下，对应的 6 个土壤深度范围的平均染色面积比变异系数分别为 0.00、0.01、0.11、0.39、0.63 和 0.76，反映在相同土壤深度范围内，60 mm 入渗水量条件下土壤优先流空间变异性比 25 mm 入渗水量条件下有一定程度的降低。在 20～60 cm 的土壤深度范围内，优先流染色面积比空间变异系数逐渐增大，最大值出现在土壤深度为 50～60 cm 时（为 0.76），显著高于土壤深度为 0～20 cm 时。根据染色面积比变异系数沿土壤深度的变化可知：在 60 mm 入渗水量条件下，柳树样地的优先流染色形态变化程度为相对稳定→次活跃→活跃→速变。

4.3.2 荆条样地优先流染色形态变化程度

不同入渗水量条件下荆条样地优先流染色面积空间变异性见表 4-7。不同入渗水量条件下荆条样地优先流染色面积比和染色面积比变异系数的变化规律与柳树样地相似，即表现为优先流染色面积比随土壤深度的增加而降低，染色面积比变异系数随土壤深度的增加而逐渐增大。

表 4-7　不同入渗水量条件下荆条样地优先流染色面积空间变异性

土壤深度 (cm)	不同入渗水量条件下的 D_c（%）		不同入渗水量条件下的 C_v	
	25 mm	60 mm	25 mm	60 mm
0～10	92.57±11.64	99.50±1.37	0.03±0.03	0.01±0.00
10～20	65.27±27.49	96.33±5.56	0.11±0.09	0.01±0.01
20～30	16.54±25.17	76.89±15.14	0.44±0.24	0.07±0.03
30～40	17.22±12.98	34.12±20.78	0.41±0.06	0.26±0.06
40～50	1.76±4.19	5.56±11.94	0.63±0.07	0.47±0.08

在 25 mm 入渗水量条件下，对应的 5 个土壤深度范围的平均染色面积比变异系数分别为 0.03、0.11、0.44、0.41 和 0.63，反映出在土壤深度为 0～20 cm 时水流分化现象不明显，水分运移以基质流为主。研究人员在实际的野外观测中发现根系集中分布在 0～30 cm 的土壤深度范围，其有利于优先流的发育，表现为由相对稳定向速变转变。根据染色面积比变异系数沿土壤深度的变化可知：在 25 mm 入渗水量条件下，荆条样地优先流染色形态变化程度为相对稳定→次活跃→速变。

在 60 mm 入渗水量条件下，对应的 5 个土壤深度范围的平均染色面积比变异系数分别为 0.01、0.01、0.07、0.26 和 0.47，反映出在土壤深度为 0～30 cm 时入渗水量的增加提高了基质流的发展程度，在 60 mm 入渗水量的入渗过程中，由于入渗水量的增加，表层土壤供水水势增大，加剧了原有优先路径的运移水量，将原有的部分非连通的优先路径连接成更大的空间网络结构，所以优先流形态的空间变化更加复杂，染色剂多以基质流或基质流和优先流共存的形式运移。在 30~50 cm 的土壤深度范围内，优先流染色形态变化程度表现为由相对稳定向速变转变。根据染色面积比变异系数沿土壤深度的变化可知：在 60 mm 入渗水量条件下，荆条样地的优先流染色形态变化程度为相对稳定→活跃→速变。

4.3.3 狗尾草样地优先流染色形态变化程度

不同入渗水量条件下，狗尾草样地优先流染色面积空间变异性见表 4-8。两种入渗水量条件下，狗尾草样地优先流染色面积比和染色面积比变异系数的变化规律与柳树样地和荆条样地相同，表现为优先流染色面积比随土壤深度的增加而降低，染色面积比变异系数随土壤深度的增加而逐渐增大。

表 4-8 不同入渗水量条件下狗尾草样地优先流染色面积空间变异性

土壤深度 (cm)	不同入渗水量条件下的 D_C（%）		不同入渗水量条件下的 C_v	
	25 mm	60 mm	25 mm	60 mm
0~10	98.30±3.36	99.34±1.06	0.01±0.01	0.01±0.00
10~20	54.27±27.95	90.60±17.37	0.16±0.11	0.02±0.03
20~30	6.37±8.54	44.69±21.03	0.58±0.13	0.21±0.06
30~40	1.95±4.19	9.92±9.94	0.91±0.08	0.47±0.08
40~50	—	0.66±1.77	—	0.73±0.07

在 25 mm 入渗水量条件下，对应的 4 个土壤深度范围的平均染色面积比变异系数分别为 0.01、0.16、0.58 和 0.91，与相同土壤深度范围内柳树样地和荆条样地表现相同，均为相对稳定→次活跃→速变。

在 60 mm 入渗水量条件下，对应的 5 个土壤深度范围的平均染色面积比变异系数分别为 0.01、0.02、0.21、0.47 和 0.73，反映出随着入渗水量的增加，基质流的入渗深度增加，相同土壤深度范围内 60 mm 入渗水量条件下优先流空间变异性比 25 mm 入渗水量条件下的有所降低。研究人员在野外观测中发现，狗尾草根系集中分布在 0~30 cm 土壤深度范围，且多表现为毛细根系，使得优先流染色形态变化程度表现为相对稳定向活跃转变。根据染色面积比变异系数沿土壤深度的变化可知：在 60 mm 入渗水量条件下，狗尾草样地优先流染色形态变化程度为相对稳定→活跃→速变。

4.4 小结

优先流的染色形态特征变化情况可反映优先流的发生机制（王伟，2011）。本研究基于亮蓝染色示踪试验，对观测样地进行了土壤垂直和水平剖面的挖掘及解析，为揭示三种典型植被类型土壤优先流的发育情况提供了依据。

通过选取多参数指标对土壤垂直剖面染色形态进行综合对比分析，得出不同入渗水量对三种典型植被类型样地土壤垂直剖面染色面积比和基质流深度影响差异显著，且优先流与基质流共同发生。各染色形态特征参数的平均值由大到小均表现为：柳树样地>荆条样地>狗尾草样地。但对于染色面积比（D_C）和优先流长度指数（L_i）来说，柳树样地与狗尾草样地之间的差异显著（$P<0.05$），荆条样地指标与其他两种植被类型样地的差异均不显著（$P>0.05$）。基质流深度（U_F）和优先流比（P_F）之间的差异不显著（$P>0.05$）。造成基质流深度差异不显著的原因是研究区土壤均为松砂土，且土壤水分含量较低，水分多以整体均匀入渗的形式向下运移，染色形态分化现象相对较弱。柳树样地最早发生优先流现象，土壤染色形态分化程度最高，而狗尾草样地土壤水分运移过程以基质流为主，土壤染色形态分化程度最低，优先流发育程度最不明显。

染色面积比在垂直方向和水平方向上的变化规律反映出优先流空间染色形态特征。三种典型植被类型的土壤染色面积比与土壤深度成 $y=ax+b$ 的线性关系，决定系数 R^2 的值可达到 $0.739\sim0.943$，成高度拟合状态，即染色面积比随着土壤深度的增加而降低。同时拟合结果的经验系数 a 为负值，也反映出土壤水分运移形式随着土壤深度的增加由基质流向优先流转变。土壤入渗水量的增加使得土壤水分入渗深度整体下移，即 60 mm 入渗水量条件下土壤基质流更加明显，供水势能的提高加剧了水流形态的分化，加快了水流的入渗速率，从而使得优先流快速发育。在土壤垂直剖面的水平方向上，我们将染色面积比分为均匀型分布模式、单峰型分布模式、双峰型分布模式和多峰型分布模式，其中柳树样地多表现为双峰型分布模式和多峰型分布模式，即土壤中有两处或多处优先路径集中发生区，连接上下土层并快速运移土壤水分，其染色形态主要以条状的形式分布，优先流现象发生最多，样地土壤水分运移形式以优先流为主。荆条样地表现为以双峰型分布模式和单峰型分布模式为主，并伴有均匀型分布模式发生，即土壤中有两处或一处优先流集中传导区，其染色形态分化程度仅低于柳树样地。狗尾草样地表现为均匀型分布模式，并伴有少量的单峰型分布模式，表现为优先流染色形态分化程度进一步降低，水分多以基质流为主整体向下入渗，优先流染色形态分化不明显。虽然也存在部分染色路径运移水分，但由于土壤空间中优先路径数量相对较少或存在分布比较均匀的情况，狗尾草样地的优先流现象最不明显。

研究人员研究发现，土壤水分运移过程中基质流和优先流的染色形态的分化程度表征着优先流的发育程度，即表现为沿着土壤垂直方向上的加深，基质流导水能力降低，优先流更发育。本研究将染色形态变化程度划分为相对稳定、次活跃、活跃和速变，三种典型植被类型在 25 mm 和 60 mm 入渗水量条件下分别表现为：①柳树样地，相对稳定→次活跃→活跃→速变，相对稳定→次活跃→活跃→速变；②荆条样地，相对稳定→次活跃→速变，相对稳定→活跃→速变；③狗尾草样地，相对稳定→次活跃→速变，相对稳定→活跃→速变。在相同入渗水量条件下，优先流染色形态变化趋势相同，均表现为表层土壤优先流域染色形态变化较稳定，深层土壤染色形态变化剧烈，优先流现象明显。随着入渗水量的增加，加强了土壤剖面中基质流运移，土壤水分运移表现出整体下移，加深了土壤水流形态分化界面深度，即土壤深度为 0～20 cm 时土层染色形态表现为相对稳定。土壤入渗水量的增加相当于增加了土层间的水势梯度，打通了原有的非连通土壤孔隙，形成输水性能良好的优先路径，加快了水分的优先运移，促进了优先流现象的发生。

5 永定河典型植被类型土壤优先路径数量及空间结构特征

通过土壤垂直剖面染色图像可以得出优先流染色形态特征以及土壤优先流的发育程度，而对土壤水平剖面染色图像进行解析，可以得到各土层的土壤优先路径的数量及其位置分布情况。结合既有研究结果，土壤水平剖面优先路径数量和位置分布状况对土壤水分运移过程有着一定的影响（程金花，2005）。因此，在充分了解三种典型植被类型土壤垂直剖面染色形态特征的基础上，进一步研究和分析土壤水平剖面中优先路径的数量及其空间结构状况，可明确优先路径对水分运移的影响。

5.1 土壤优先路径数量及其位置分布

研究人员利用计算机图像解析技术对染色图像进行预处理，将每个获取的土壤水平剖面染色区均视为一个独立整体，依据形态学原理结合溶液染色区空间拓扑关系，再将染色影响区域划分成多个独立的闭合斑块。将这些独立闭合斑块近似看作一个独立的圆，可结合斑块染色面积（斑块所占像素点的数量）求出其影响半径。在本研究中，研究人员主要用 Image ProPlus 6.0 软件对获取的土壤水平剖面染色图像的优先路径值进行提取，进而得到不同孔径优先路径的数量和位置信息，如图 5－1 所示。一般来说，可将不同植被类型土壤优先路径的孔径划分为≤1.0 mm、1.0～2.5 mm、2.5～5.0 mm、5.0～10.0 mm和>10.0 mm 五个等级。

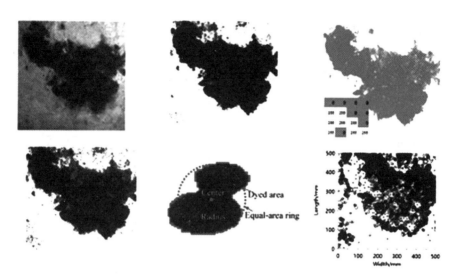

图5-1 土壤水平剖面染色图像的优先路径提取

由于土壤水分运移特性导致表层土壤染色面积比大于80% (Jarvis, 2007)，即土壤基质流和优先流共同发生，且入渗溶液的染色形态分化不明显，无法准确地提取出发生优先运移的优先路径信息。因此，本研究仅对土壤染色面积比小于80%的土壤层进行优先路径分析。柳树样地土壤水平剖面染色图像如图5-2所示。

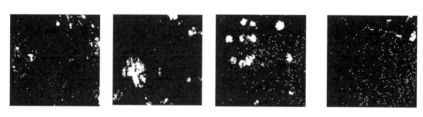

图5-2 柳树样地土壤水平剖面染色图像

注：以柳树样地WP2、WP3的深度为0~10 cm土层，WP4的深度为0~10 cm和10~20 cm土层为例。

5.1.1 柳树样地土壤优先路径数量及位置分布

柳树样地土壤优先路径数量见表5-1，优先路径位置分布如图5-3至图5-6所示。由此可知，在样地WP1、WP2和WP3的浅层（深度为10~20 cm）优先路径数量最多，数量分别为各自优先路径数量最少土层的4.0、4.1和3.5倍左右，样地WP4的优先路径数量最多土层（深度为30~40 cm）

的优先路径数量约为优先路径数量最少土层（深度为 20～30 cm）的 3.4 倍，说明优先路径在相同植被类型土壤中的实际分布情况也存在一定差异（周明耀等，2006；Najm 等，2010），从而形成差异较大的优先流现象。

表 5-1　柳树样地土壤优先路径数量

样地	土层深度（cm）	数量（个）					
		径级（mm）					合计
		≤1.0	1.0～2.5	2.5～5.0	5.0～10.0	>10.0	
WP1	0～10	410	372	173	137	171	1263
	10～20	1543	532	98	107	114	2394
	20～30	173	192	95	84	55	599
WP2	10～20	263	110	49	76	80	578
	20～30	50	27	7	21	35	140
	30～40	90	74	32	23	11	230
WP3	10～20	611	544	186	177	138	1656
	20～30	147	136	79	79	35	476
WP4	20～30	215	147	58	68	87	575
	30～40	771	418	343	296	105	1933
	40～50	341	240	167	155	90	1001
	50～60	529	409	159	97	99	1293

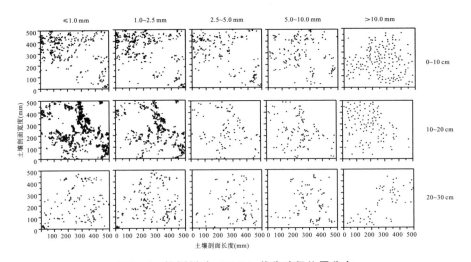

图 5-3　柳树样地（WP1）优先路径位置分布

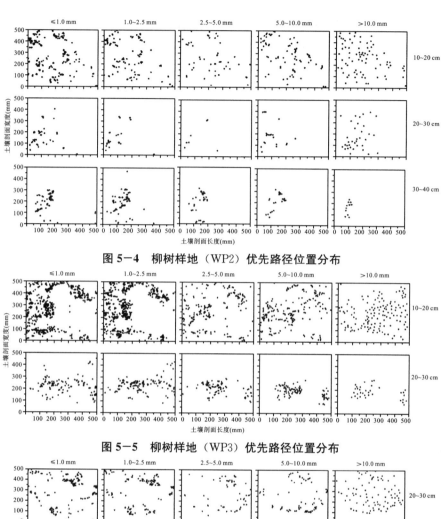

图 5-4 柳树样地（WP2）优先路径位置分布

图 5-5 柳树样地（WP3）优先路径位置分布

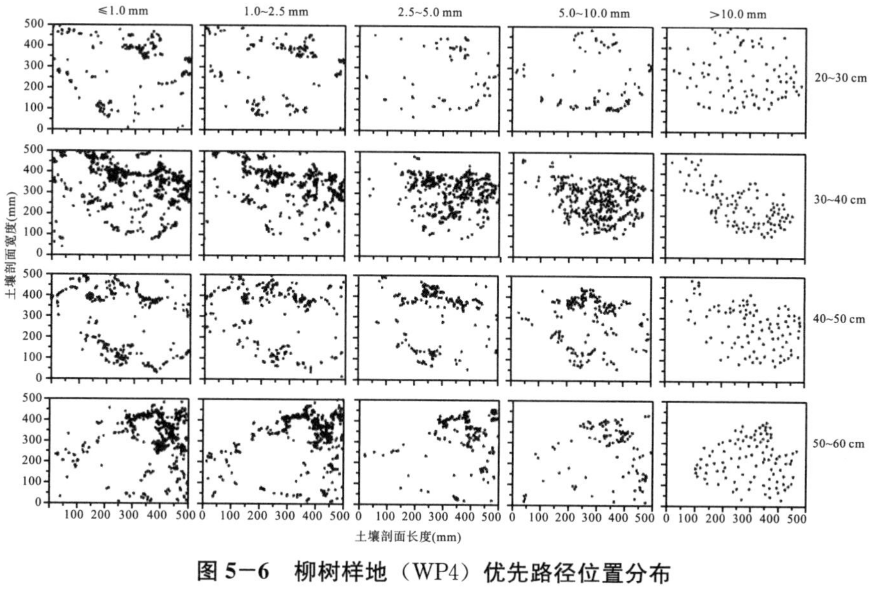

图 5-6 柳树样地（WP4）优先路径位置分布

入渗水量的增加对柳树样地土壤的优先路径数量产生了影响，主要是因为入渗水量的增加促进了土壤孔隙结构对土壤水分运移能力，增强了土壤优先流效应（Flury、Markus，2003；王伟，2011）。

柳树样地同一土壤深度中，径级≤1.0 mm 的优先路径数量最多，径级为 ≤1.0 mm 和 1.0~2.5 mm 的优先路径数量显著高于其他 3 个径级的优先路径数量，径级为 2.5~5.0 mm、5.0~10.0 mm 和 >10.0 mm 的优先路径数量差异不明显。主要是因本研究利用形态学方法将染色图像看成若干独立的区域，而在野外染色示踪试验中，柳树样地的植物根系多集中分布在径级<5.0 mm 的范围，且随着土壤深度的加深，相同径级范围的土壤优先路径数量逐层递减，优先路径数量的最小值分布在最底层的土壤中。这说明土壤水分运移主要依靠较小孔径的优先路径连接而形成的空间孔隙结构体来完成，这与 Villholth（1994）的结论一致。

5.1.2 荆条样地土壤优先路径数量及位置分布

荆条样地土壤优先路径数量见表 5－2，优先路径位置分布如图 5－7 至图 5－10 所示。由此可知，样地 VP1 在深度为 0~10 cm 的土层中优先路径数量最多，VP2 和 VP3 在深度为 10~20 cm 的土层中优先路径数量最多，样地 VP4 的优先路径数量最多土层（深度为 30~40 cm）的优先路径数量约为优先路径数量最少土层（深度为 20~30 cm）的 1.9 倍。这与柳树样地在不同入渗水量条件下土壤优先路径数量的分布情况相似，说明荆条样地土壤优先路径数量的分布情况与柳树样地相似。通过野外试验观察发现，可能与土壤中含有大量动物（蚂蚁、蚯蚓等）活动的通道有关（王伟，2011；陈晓冰，2016）。

表 5－2　荆条样地土壤优先路径数量

样地	土层深度（cm）	数量（个）					合计
		径级（mm）					
		≤1.0	1.0~2.5	2.5~5.0	5.0~10.0	>10.0	
VP1	0~10	687	240	128	107	114	1276
	10~20	54	38	18	30	57	197
	20~30	91	78	23	31	45	268

样地	土层深度（cm）	数量（个）					合计
		径级（mm）					
		≤1.0	1.0~2.5	2.5~5.0	5.0~10.0	>10.0	
VP2	0~10	131	77	28	48	76	360
	10~20	328	197	64	98	108	795
	20~30	50	32	20	22	23	147
VP3	10~20	456	148	78	141	230	1053
	20~30	322	230	82	42	31	707
VP4	20~30	86	43	17	26	92	264
	30~40	176	130	58	35	104	503
	40~50	106	118	45	55	32	356

在60 mm入渗水量条件下，样地VP4土壤剖面优先路径数量减少，在不同深度土层内各径级优先路径数量及其总量分布变化较稳定。即在样地VP4中，优先路径在垂直方向上的连通结构较好，入渗水量的增加会进一步促进优先路径对水分的运移能力，以满足土壤水分在土壤空间中的传输（王伟，2011）。

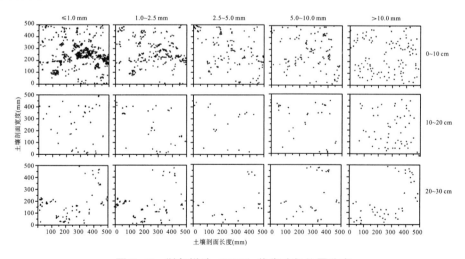

图5-7　荆条样地（VP1）优先路径位置分布

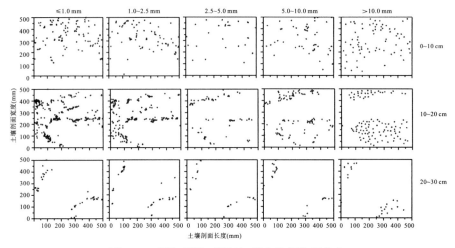

图 5-8　荆条样地（VP2）优先路径位置分布

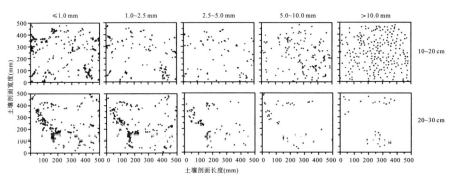

图 5-9　荆条样地（VP3）优先路径位置分布

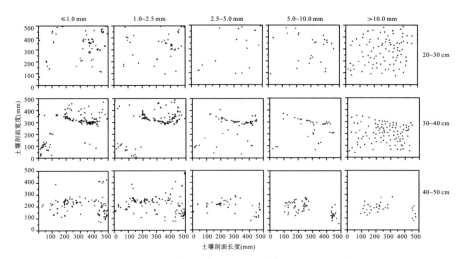

图 5-10　荆条样地（VP4）优先路径位置分布

5.1.3 狗尾草样地土壤优先路径数量及位置分布

狗尾草样地土壤优先路径数量见表5-3，优先路径位置分布如图5-11至图5-14所示。在25 mm入渗水量条件下，狗尾草样地土壤优先路径数量分布相同，均表现为浅层（深度为10~20 cm）土壤优先路径数量多于深层土壤。狗尾草样地同一土壤深度中径级为≤1.0 mm和1.0~2.5 mm的土壤优先路径数量最多，径级为2.5~5.0 mm和5.0~10.0 mm的土壤优先路径数量最少。这与荆条样地土壤优先路径的分布情况相同。

表5-3 狗尾草样地土壤优先路径数量

样地	土层深度（cm）	数量（个）					合计
		径级（mm）					
		≤1.0	1.0~2.5	2.5~5.0	5.0~10.0	>10.0	
SP1	10~20	264	106	75	106	126	677
	20~30	63	43	14	18	38	176
SP2	10~20	67	29	17	9	37	159
	20~30	90	43	20	37	42	232
SP3	10~20	212	153	57	64	115	601
	20~30	123	68	29	34	61	315
SP4	20~30	190	179	69	73	88	599
	30~40	332	235	73	44	65	749
	40~50	412	240	78	68	40	838

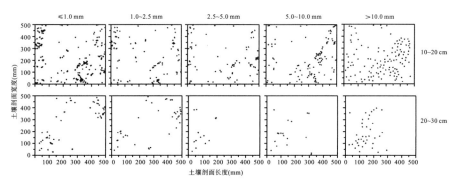

图5-11 狗尾草样地（SP1）优先路径位置分布

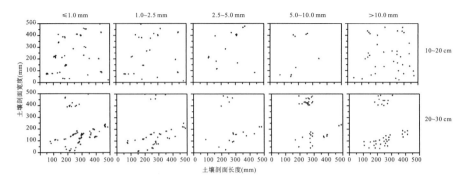

图 5－12　狗尾草样地（SP2）优先路径位置分布

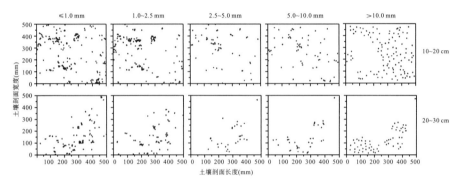

图 5－13　狗尾草样地（SP3）优先路径位置分布

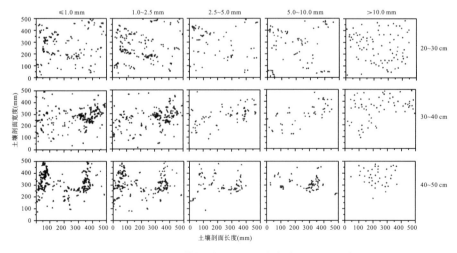

图 5－14　狗尾草样地（SP4）优先路径位置分布

入渗水量的增加对狗尾草样地土壤优先路径数量产生了影响，主要是入渗水量的增加促进了土壤孔隙结构对水分的运移能力，增强了优先流效应

(Flury、Markus，2003；王伟，2011)。狗尾草样地(SP4)在60 mm入渗水量条件下各土层范围的优先路径数量远高于其他25 mm入渗水量(样地SP1、SP2和SP3)条件下的数量水平。这也证明了入渗水量的提高使得土体中原本未参与水分运移的孔隙结构也进行了水分运移，增加了土壤优先路径数量，加快了土壤中水分的运移，使得浅层土壤水分可以快速运移到深层土壤中。这与柳树样地的研究结果相一致，而与荆条样地的研究结果不同。可能是因为在荆条样地中，垂直方向上的优先路径空间连通性较好，入渗水量的增加会进一步提高土壤孔隙的连通性，满足水分在垂直方向上的运移；而狗尾草样地优先路径的连通性较弱。

5.2　土壤优先路径的空间分布格局

　　研究人员结合从不同土层中提取的优先路径信息，采用景观生态学的空间点格局分析方法，针对 Ripley's $K(r)$ 函数的特点，以单个优先路径在土壤空间中的位置坐标为依据，构成水平空间分布图，进而计算出各样地中优先路径在不同土层中的分布关系，揭示不同植被类型土壤优先路径水平分布特征及其空间关联性。

　　Ripley's $K(r)$ 函数是以水平空间分布图中某独立点为圆心，设置并选取尺度半径为 r 的圆，记录在选取的圆范围内相同半径个体数目，用于分析某一影响半径的优先流路径的空间分布格局，判定研究个体的出现概率，从而推算出分布类型。

$$K_{11}(r) = \frac{A}{n^2} \sum_{i=1}^{n} \sum_{j=1}^{n} \frac{1}{W_{ij}} I_r(u_{ij}) \qquad (i \neq j) \qquad (5-1)$$

式中：r——尺度半径；

$K_{11}(r)$——尺度半径(r)优先路径在土层中的分布关系；

n——在尺度半径为 r 的圆内某一影响半径的优先路径的数量总数；

u_{ij}——点 i 到 j 的距离 [$u_{ij} \leqslant r$ 时，$I_r(u_{ij})=1$；$u_{ij} > r$ 时，$I_r(u_{ij})=0$]；

A——水平空间面积；

W_{ij}——以点 i 为圆心的边缘校正权重，以 u_{ij} 为半径的圆周长在面积 A 中的比例；

$I_r(u_{ij})$——独立的优先路径可被观察到的概率。

当 $K(r)/\pi$ 的平方根在优先路径以随机模式分布时，与尺度半径 r 存在显著的线性关系。因此本研究采用 Ripley's $K(r)$ 函数的变形函数 $L(r)$ 来表示不同径级的空间分布情况：

$$L(r) = \sqrt{K(r)/\pi} - r \qquad (5-2)$$

在采用 $L(r)$ 函数分析优先路径的空间分布格局时，使用生态学软件 Programita 2014 进行分析。以 100 mm 作为研究尺度，以半径 1 mm 作为研究步长，通过 99 次 Monte Carlo 模拟运算得到 99％ 的置信区间，即得上下包迹线。若 $L_{11}(r)$ 的值大于上包迹线，则土壤优先路径成聚集分布状态；若 $L_{11}(r)$ 的值分布在上下包迹线之间，则土壤优先路径成随机分布状态；若 $L_{11}(r)$ 值小于下包迹线，则土壤优先路径成均匀分布。

5.2.1 柳树样地土壤优先路径的空间分布格局

柳树样地不同土层土壤水平剖面优先路径分布如图 5-15 至图 5-18 所示。当 r 取 100 mm 时，柳树样地中不同径级优先路径表现出较显著的聚集分布状态，也伴有较多的随机分布状态存在；不同土层土壤水平剖面之间存在一定的差异。

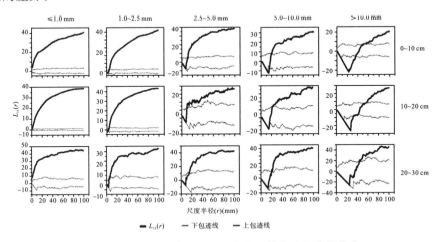

图 5-15 柳树样地（WP1）各土层优先路径空间分布

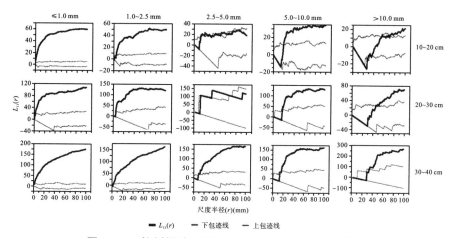

图 5−16 柳树样地（WP2）各土层优先路径空间分布

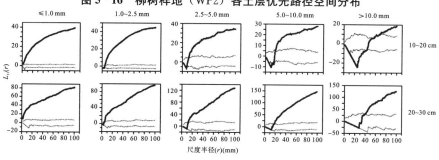

图 5−17 柳树样地（WP3）各土层优先路径空间分布

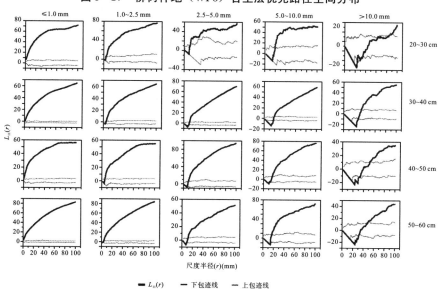

图 5−18 柳树样地（WP4）各土层优先路径空间分布

柳树样地中径级为≤1.0 mm 的优先路径在不同入渗水量条件下的各土层中均表现出以聚集分布为主。这与柳树样地内的植物根系的实际分布状态相同。

柳树样地中径级为 1.0~2.5 mm 的优先路径以聚集分布为主，并伴有少量的随机分布。当 r≤10 mm 时，4 个样地在不同深度土层均表现出优先路径由随机分布发展到聚集分布。该径级优先路径的整体的分布趋势与径级为≤1.0 mm 的优先路径的分布趋势相似。

柳树样地中径级为 2.5~5.0 mm、1.0~2.5 mm 的优先路径均表现为由随机分布和聚集分布组成，以聚集分布为主。仅在样地 WP2 深度为 10~20 cm 和 20~30 cm 的土层表现为随机分布。其中样地 WP2 深度为 10~20 cm 的土层优先路径变化最为复杂，整体围绕上迹线摆动，成随机分布状态。

柳树样地中径级为 5.0~10.0 mm 的优先路径的空间分布状态为：当 r 为 20 mm 时，以随机分布向聚集分布过渡为主；当 r<20 mm 时表现出一定的均匀分布（样地 WP1 深度为 0~10 cm、WP3 深度为 10~20 cm 和 WP4 深度为 30~40 cm 的土层）。其中样地 WP4 深度为 30~40 cm 的土层出现均匀分布状态，可能是在 60 mm 入渗水量条件下土壤表现出较强的整体渗透性，这与王伟（2011）对紫色砂岩林地土壤施用不同入渗水量时的研究结果一致。

柳树样地中径级为>10.0 mm 的优先路径的空间分布状态的表现形式比较复杂，当 r<40 mm 时以均匀分布状态为主，当 r 为 40~60 mm 时由均匀分布向随机分布过渡，当 r>60 mm 时由随机分布向聚集分布过渡。主要是因为土壤中的孔隙结构随土层垂直深度的加深，其优先路径的分布在土壤垂直方向上存在明显的差异（王伟，2011；吕文星，2013）。

5.2.2　荆条样地土壤优先路径的空间分布格局

荆条样地不同土层土壤水平剖面优先路径分布如图 5-19 至图 5-22 所示。当 r 取 100 mm 时，荆条样地中优先路径以聚集分布状态为主，同时伴有随机分布和均匀分布，分布曲线以单峰曲线为主。

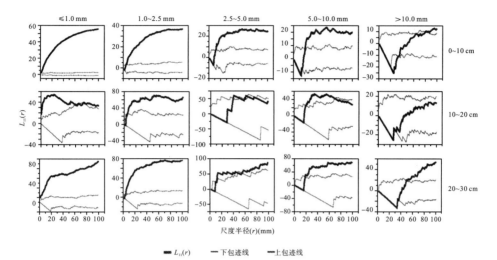

图 5－19 荆条样地（VP1）各土层优先路径空间分布

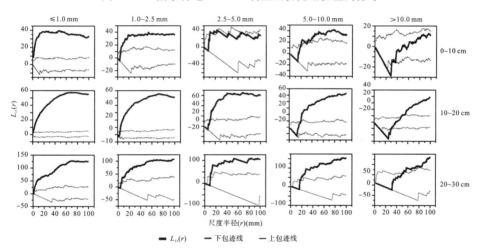

图 5－20 荆条样地（VP2）各土层优先路径空间分布

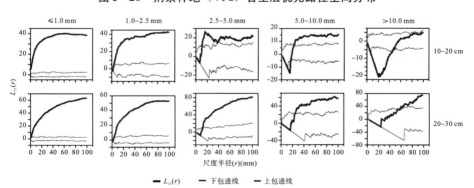

图 5－21 荆条样地（VP3）各土层优先路径空间分布

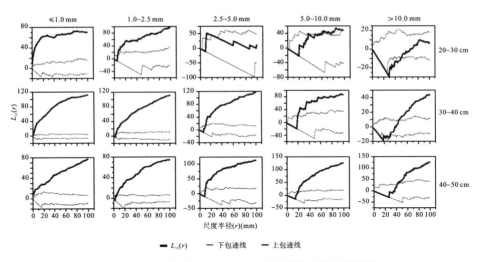

图 5-22 荆条样地（VP4）各土层优先路径空间分布

荆条样地中径级为≤1.0 mm 的优先路径在不同入渗水量条件下的各土层中表现出显著的聚集分布。仅在样地 VP1 深度为 10～20 cm 的土层表现为聚集分布向随机分布变化，在 r 为 60～80 mm 时出现转折点。径级为 1.0～2.5 mm 的优先路径以随机分布向聚集分布过渡，转折点出现在 $r < 10$ mm 时，各土层中土壤优先路径表现出显著的聚集分布状态。

荆条样地中径级为 2.5～5.0 mm 和 1.0～2.5 mm 的优先路径均由随机分布向聚集分布过渡，且以聚集分布为主。仅在样地 VP1 深度为 10～20 cm、VP2 深度为 0～10 cm 和 VP4 深度为 20～30 cm 的土层表现为以随机分布为主。

荆条样地中径级为 5.0～10.0 mm 的优先路径空间分布较为复杂、聚集分布较为显著，表现为以随机分布向聚集分布过渡。在样地 VP1 深度为 10～20 cm 的土层中出现明显的双峰曲线，其峰值主要分布在 35 mm 和 60 mm 处，表现为由随机分布向聚集分布再向随机分布过渡。在样地 VP2 深度为 0～10 cm 的土层中存在多峰曲线，其峰值主要分布在 25 mm、30 mm 和 50 mm 处，表现为由随机分布向聚集分布再向随机分布最后向聚集分布过渡。而在样地 VP3 深度为 10～20 cm 的土层中存在多种分布状态，由均匀分布向随机分布最后向聚集分布过渡。

荆条样地中径级为 >10.0 mm 的优先路径由均匀分布向随机分布最后向聚集分布过渡。而在样地 VP1 深度为 10～20 cm 的土层中表现为随机分布，在样地 VP2 深度为 0～10 cm、VP3 深度为 10～20 cm 和 VP4 深度为 20～30 cm

的土层中表现为由均匀分布向随机分布过渡。

5.2.3 狗尾草样地土壤优先路径的空间分布格局

狗尾草样地不同土层土壤水平剖面优先路径分布如图 5-23 至图 5-26 所示。当 r 取 100 mm 时，狗尾草样地中不同径级优先路径表现出较显著的聚集分布状态，同时也表现出较多的随机分布状态，分布曲线以单峰曲线为主。

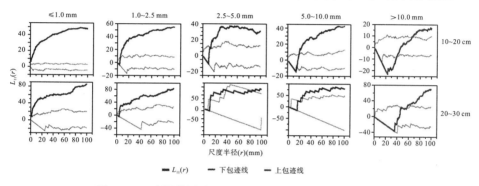

图 5-23 狗尾草样地（SP1）各土层优先路径空间分布

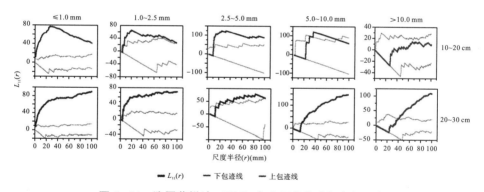

图 5-24 狗尾草样地（SP2）各土层优先路径空间分布

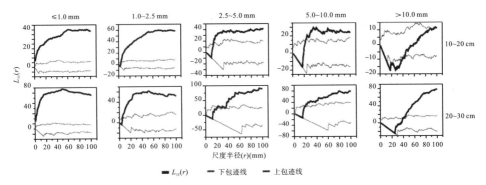

图 5－25　狗尾草样地（SP3）各土层优先路径空间分布

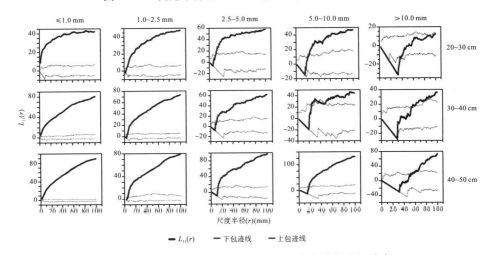

图 5－26　狗尾草样地（SP4）各土层优先路径空间分布

狗尾草样地中径级为≤1.0 mm 和 1.0~2.5 mm 的优先路径在不同入渗水量条件下的各土层中以聚集分布为主，与柳树样地和荆条样地相似。

狗尾草样地中径级为 2.5~5.0 mm 的优先路径由随机分布向聚集分布过渡，整体以聚集分布为主。仅在样地 SP1 深度为 20~30 cm 的土层表现为由随机分布向聚集分布过渡，且以随机分布为主。

狗尾草样地中径级为 5.0~10.0 mm 的优先路径的空间分布由随机分布向聚集分布过渡，且以聚集分布为主。在样地 SP2 深度为 10~20 cm 的土层中出现明显的单峰曲线，在 r 为 40 mm 附近取得峰值，表现为由随机分布向聚集分布再向随机分布过渡。在样地 SP4 深度为 30~40 cm 的土层中存在"双峰"，其峰值主要分布在 30 mm 和 90 mm 处。

狗尾草样地中径级为>10.0 mm 的优先路径的空间分布表现形式比较复杂，整体以随机分布为主，且由随机分布向聚集分布过渡。在样地 SP1 深度为 10~20 cm 的土层表现为由均匀分布向随机分布过渡，再向聚集分布变化。在样地 SP3 深度为 10~20 cm 的土层和 SP4 深度为 20~30 cm 的土层表现为由均匀分布向随机分布过渡，表现出与荆条样地相同的趋势。

5.3 不同径级优先路径的空间关联性

不同径级优先路径的空间关联性依然以 Ripley's $K(r)$ 函数为基础，可使用生态学软件 Programita 2014 对彼此相互独立的不同径级优先路径进行多元点格局分析。

$$K_{12}(r) = \frac{A}{n_1 n_2} \sum_{i=1}^{n_1} \sum_{j=1}^{n_2} \frac{1}{W_{ij}} I_r(u_{ij}) \qquad (i \neq j) \qquad (5-3)$$

式中：$K_{12}(r)$——不同径级优先路径在土层中的分布关系；

n_1，n_2——分别为不同径级优先路径的个体数量。

A、W_{ij} 和 $I_r(u_{ij})$ 的含义同式（5-1），但 i 和 j 表示不同径级优先路径的个数。

与点格局分析相似，其变形 $L_{12}(r)$ 函数为：

$$L_{12}(r) = \sqrt{K_{12}(r)/\pi} - r \qquad (5-4)$$

同样以 100 mm 作为研究尺度，以半径 1 mm 作为研究步长，通过 99 次 Monte Carlo 模拟运算得到 99% 的置信区间，即得上下包迹线。在某一尺度半径上，若 $L_{12}(r)$ 值小于下包迹线，二者成空间负关联；若 $L_{12}(r)$ 的值大于上包迹线，二者成空间正关联；若 $L_{12}(r)$ 值分布在上、下包迹线之间，二者为相互独立状态（王伟，2011）。

在分析不同径级优先路径的空间关联性时，按照 5.2 节中土壤优先路径的空间分布格局对土壤优先路径的划分，分别对径级为 ≤1.0 mm 与 1.0~2.5 mm 的优先路径之间、径级为 ≤1.0 mm 与 2.5~5.0 mm 的优先路径之间、径级为 ≤1.0 mm 与 5.0~10.0 mm 的优先路径之间、径级为 ≤1.0 mm 与 >10.0 mm 的优先路径之间、径级为 1.0~2.5 mm 与 2.5~5.0 mm 的优先路径之间、径级为 1.0~2.5 mm 与 5.0~10.0 mm 的优先路径之间、径级为 1.0~2.5 mm 与 >10.0 mm 的优先路径之间、径级为 2.5~5.0 mm 与 5.0~10.0 mm 的优先路径之间、径级为 2.5~5.0 mm 与 >10.0 mm 的优先路径之间、径级为 5.0~10.0

mm 与>10.0 mm 的优先路径之间进行空间关联性分析。

5.3.1 柳树样地不同径级优先路径的空间关联性

图 5-27 至图 5-30 分别展示了柳树样地 WP1~WP4 不同径级优先路径在各深度土层的空间关联性。

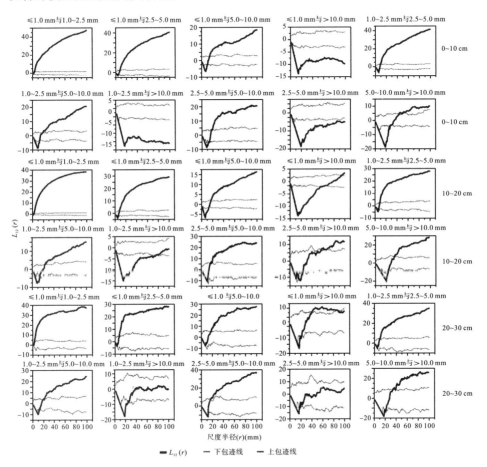

图 5-27 柳树样地（WP1）优先路径的空间关联性

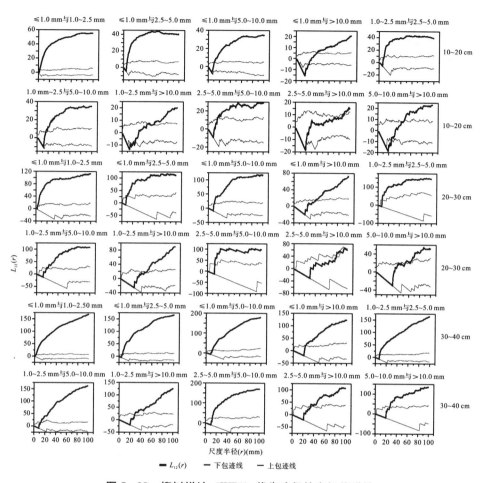

图 5-28 柳树样地（WP2）优先路径的空间关联性

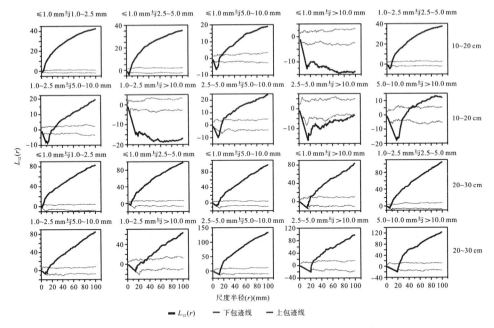

图 5-29　柳树样地（WP3）优先路径的空间关联性

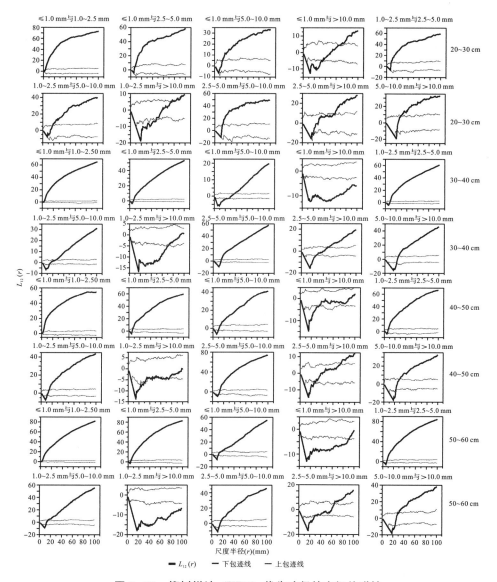

图 5−30 柳树样地（WP4）优先路径的空间关联性

在柳树样地不同深度土层中，随着孔径分布范围的增大，各样地不同径级优先路径之间总体成空间关联性逐渐降低的变化趋势。其中，径级为≤1.0 mm与1.0~2.5 mm的优先路径成空间正关联分布关系，说明二者形成与分布相互影响。径级为≤1.0 mm与2.5~5.0 mm的优先路径成由相互独立向正关联变化的分布关系，也说明二者形成与分布相互促进、影响。径级为≤1.0 mm与5.0~10.0 mm的优先路径之间的空间关联性较明显，成负关联到相互独立再到正关联的变化趋势，说明二者形成与分布作用复杂，总体成空间关联性逐渐增加的分布关系。径级为≤1.0 mm与>10.0 mm的优先路径的空间关联性在4个样地中表现为总体由负关联向相互独立转变的趋势，而分别在样地WP1、WP3和WP4深度为0～10 cm、10～20 cm和30～40 cm的土层中表现为负关联性，在样地WP2深度为20～40 cm和样地WP3深度为20～30 cm的土层中表现为由相互独立向正关联转变的趋势，在样地WP2深度为10～20 cm和样地WP4深度为20～30 cm的土层中表现最为复杂，由负关联向相互独立转变，最后向正关联变化。这说明二者形成与分布作用复杂，总体成空间负关联的趋势。

径级为1.0～2.5 mm与2.5～5.0 mm的优先路径之间、径级为1.0～2.5 mm与5.0～10.0 mm的优先路径之间的空间关联性在土壤中表现为由相互独立向正关联转变的趋势，说明二者形成与分布相互促进、影响。径级为1.0～2.5 mm与>10.0 mm的优先路径之间表现为由负关联向相互独立转变的趋势，说明两种径级的优先路径的形成和分布作用复杂，总体成空间负关联的趋势。

径级为2.5～5.0 mm与5.0～10.0 mm的优先路径之间的空间关联性在土壤中总体表现为由相互独立向正关联转变的趋势。其在样地WP1深度为20～30 cm的土层中表现为负关联向相互独立转变，且总体成相互独立的状态，说明二者形成与分布整体上相互促进、影响。

径级为2.5～5.0 mm与>10.0 mm的优先路径之间的空间关联性在样地WP1～WP3中总体表现为相互独立的趋势，而在样地WP4深度为20～60 cm的土层中表现为由负关联向相互独立转变，最后向正关联变化的趋势。这说明入渗水量的增加使得二者形成与分布相互促进、影响。

径级为5.0～10.0 mm与>10.0 mm的优先路径之间总体表现出与径级为2.5～5.0 mm与>10.0 mm的优先路径在样地WP4深度为20～60 cm的土层中相同的变化趋势，即由负关联向相互独立转变，最后向正关联变化的趋势。这说明二者形成与分布相互促进、影响。

综上所述，相邻较小孔径之间的优先路径在土壤空间中的分布和形成相互影响，这与陈晓冰（2016）在对针阔混交林地研究中发现相邻较大孔径的优先路径之间相互影响的研究结果相反。可能是本研究中样地土壤为松砂土而陈晓冰的研究中土壤主要为黄壤和紫色土，土壤原有孔隙结构存在差异。由于我们是先对染色图像进行解析，提取出优先路径的空间位置坐标后再进行分析，得出各样地不同孔径分布范围的优先路径沿土壤深度的增加其空间关联性相似的结论，因此说明土壤中优先路径在相邻土层中连通程度较高。而入渗水量的增加也促进了相邻孔径分布范围优先路径的正函数关系，对土壤优先路径的连通性和导水性有很好的促进作用。

5.3.2　荆条样地不同径级优先路径的空间关联性

图 5-31 至图 5-34 分别展示了荆条样地 VP1～VP4 不同径级优先路径在各深度土层的空间关联性。

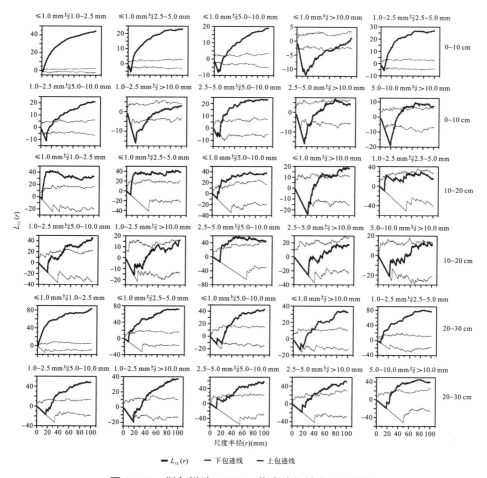

图 5-31　荆条样地（VP1）优先路径的空间关联性

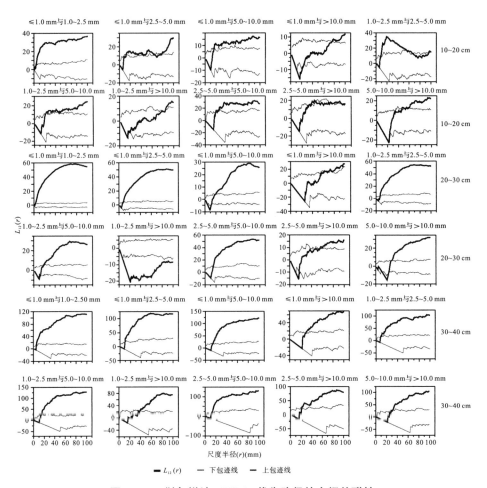

图 5-32 荆条样地（VP2）优先路径的空间关联性

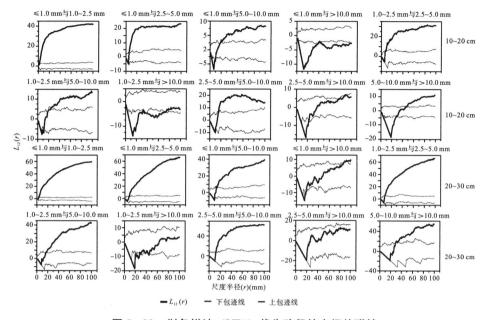

图5-33 荆条样地（VP3）优先路径的空间关联性

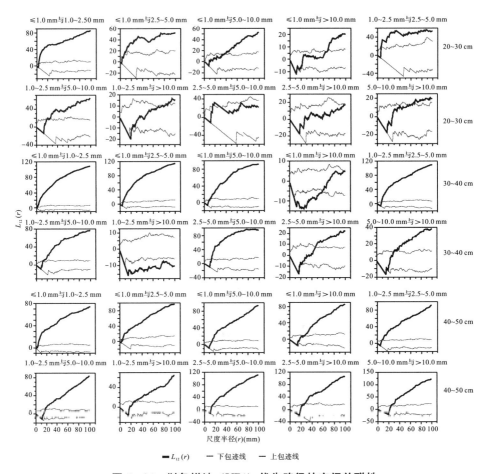

图 5—34　荆条样地（VP4）优先路径的空间关联性

　　在荆条样地不同深度土层中，随着孔径分布范围的增大，各样地不同径级范围优先路径之间总体成空间关联性逐渐降低的变化趋势。其中，径级为≤1.0 mm 与 1.0～2.5 mm 的优先路径之间、径级为≤1.0 mm 与 2.5～5.0 mm 的优先路径之间的空间关联性都与柳树样地有着相同的变化趋势，即在土壤中总体表现为正关联和由相互独立向正关联转变，说明二者形成与分布相互促进、影响。径级为≤1.0 mm 与 5.0～10.0 mm 的优先路径之间的空间关联性较明显，总体成由相互独立到正关联的变化趋势。在样地 VP1、VP2 和 VP3 深度为 0～10 cm、10～20 cm 和 10～20 cm 的土层中表现为由负关联向相互独立转变，最后成正关联的趋势，说明二者形成与分布作用复杂，空间关联性逐渐增强。径级为≤1.0 mm 与 >10.0 mm 的优先路径在 4 个样地中的空间关联性表现为由负关联向相互独立转变的趋势。而在样地 VP1～VP3 深度为 0～

20 cm的土层中的空间关联性表现为由负关联向相互独立转变，在样地 VP1～VP4 深度为 20～30 cm 以及样地 VP4 深度为 40～50 cm 的土层中表现为由相互独立向正关联转变的趋势，说明二者形成与分布作用复杂，总体成负关联和相互独立的趋势；入渗水量的增加使得二者形成与分布相互促进、影响，空间关联性趋向正关联（Li 等，2020）。

径级为 1.0～2.5 mm 与 2.5～5.0 mm 的优先路径之间、径级为 1.0～2.5 mm 与 5.0～10.0 mm 的优先路径之间的空间关联性在土壤中总体表现为由相互独立向正关联转变的趋势，这和柳树样地在该孔径分布范围的空间关联性一致，说明二者形成与分布相互促进、影响。径级为 1.0～2.5 mm 与>10.0 mm 的优先路径之间的空间关联性成由负关联向相互独立转变的趋势，而在样地 VP1、VP2 和 VP4 最深土层空间关联性表现为由相互独立向正关联转变的趋势。可能是在深层土壤中土壤根系含量较少，对土壤优先路径的影响较小造成的，说明二者形成与分布总体成相互独立和负关联的趋势。

径级为 2.5～5.0 mm 与 5.0～10.0 mm 的优先路径之间的空间关联性在土壤中总体表现为由相互独立向正关联转变的趋势，说明二者形成与分布整体上相互促进、影响。而在样地 VP4 深度为 20～30 cm 的土层中表现为相互独立的空间关联性，主要是入渗水量的增加（相当于加大了浅层土壤的供水势能）造成土壤导水能力增强。径级为 2.5～5.0 mm 与>10.0 mm 的优先路径的空间关联性在样地 VP1～VP3 中总体表现为相互独立的趋势，而在样地 VP1、VP2 和 VP4 的深层土壤中表现为由相互独立向正关联转变的趋势，说明两者形成与分布相互影响且关系较为复杂。

径级为 5.0～10.0 mm 与>10.0 mm 的优先路径之间总体表现出负关联向相互独立转变，最后向正关联变化的趋势，说明二者形成与分布相互促进、影响。

对比 4 个荆条样地我们发现，增加土壤染色剂的入渗水量可以促进同一样地相同土层深度范围内的相邻孔径分布范围优先路径的正函数关系，对优先路径的连通性和导水性有良好的促进作用。这与 Li 等（2020）对四面山草地施用 20 mm、40 mm 和 60 mm 入渗水量时的研究结果一致，即随着降水量的增加，促进了相邻孔径分布范围优先路径的正函数关系，对优先路径的连通性和导水性有良好的促进作用。

5.3.3 狗尾草样地不同径级优先路径的空间关联性

图 5−35 至图 5−38 分别展示了狗尾草样地 SP1~SP4 不同径级优先路径在各深度土层的空间关联性。

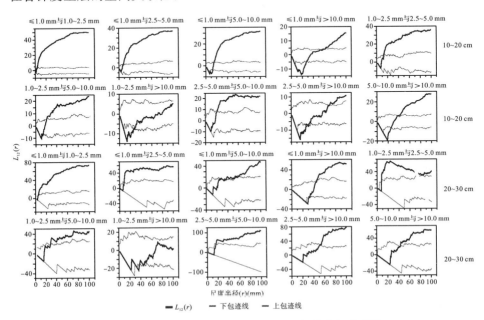

图 5−35 狗尾草样地（SP1）优先路径的空间关联性

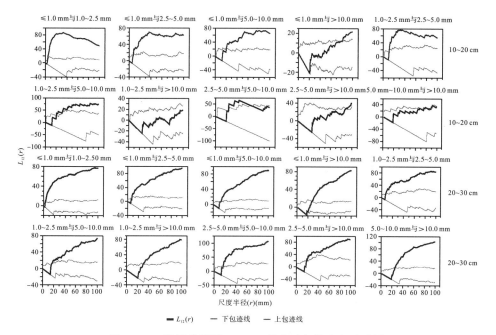

图5-36 狗尾草样地（SP2）优先路径的空间关联性

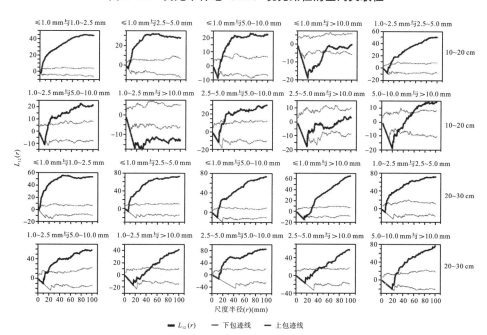

图5-37 狗尾草样地（SP3）优先路径的空间关联性

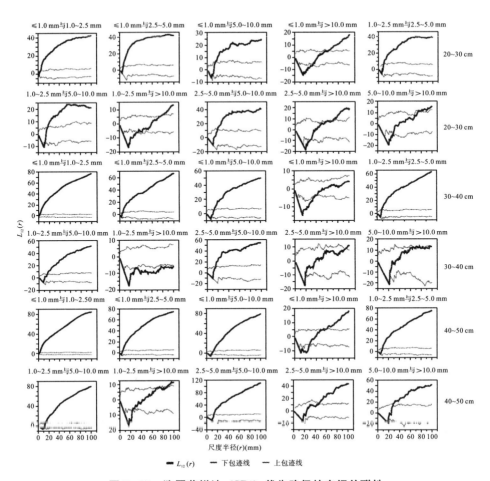

图 5-38 狗尾草样地（SP4）优先路径的空间关联性

在狗尾草样地不同深度土层中，各样地不同径级优先路径之间总体成空间关联性增强的变化趋势。其中，径级为≤1.0 mm 与 1.0~2.5 mm 的优先路径之间、径级为≤1.0 mm 与 2.5~5.0 mm 的优先路径之间、径级为≤1.0 mm 与 5.0~10.0 mm 的优先路径之间、径级为≤1.0 mm 与 >10.0 mm 的优先路径之间的空间关联性在 4 个样地中总体表现为正关联，说明不同径级的优先路径的形成与分布具有相互促进的作用。径级为≤1.0 mm 与 >10.0 mm 的优先路径之间仅在样地 SP1、SP 和 SP4 的浅层和中间层出现部分负关联，与柳树样地和荆条样地在该尺度范围的变化趋势相同。

径级为 1.0~2.5 mm 与 2.5~5.0 mm 的优先路径之间、径级为 1.0~2.5 mm 与 5.0~10.0 mm 的优先路径之间的空间关联性在土壤中总体表现为由相互独立向正关联转变的趋势。这与柳树样地和荆条样地在该孔径分布范围的空间关联性趋势相同，即表现出不同径级的优先路径的形成与分布具有促进的作用。径级为 1.0~2.5 mm 与>10.0 mm 的优先路径之间的空间关联性总体成由负关联向相互独立转变的趋势，而在样地 SP2、SP3 和 SP4 深度为 20~30 cm 的土层空间关联性表现为由相互独立向正关联转变的趋势，可能是由于深层土壤中土壤根系含量较少，对优先路径的影响较小造成的（王伟，2011；陈晓冰，2016）。

径级为 2.5~5.0 mm 与 5.0~10.0 mm 的优先路径之间、径级为 2.5~5.0 mm 与>10.0 mm 的优先路径之间、径级为 5.0~10.0 mm 与>10.0 mm 的优先路径之间表现为由相互独立向正关联转变的趋势，进一步表明在相同土层中相邻径级的优先路径的形成与分布整体上具有相互促进的作用。

综合所述，在三种典型植被类型样地中相邻径级的优先路径在土壤空间中的分布和形成相互影响。由于我们是通过对染色图像进行解析，提取出优先路径的空间位置坐标进行分析，得出各样地不同孔径分布范围的优先路径沿土壤深度的增加其空间关联性相似的结论，因此可以说明了土壤中优先路径在相邻土层中连通程度较高。这与 Li 等（2020）对四面山草地施用不同入渗水量的研究结果一致，即随着降水量的增加（入渗水量增加），进而也促进了相邻孔径分布范围优先路径的正函数关系，对土壤优先路径的连通性和导水性有积极的促进作用。

5.4　植物根系与优先路径的空间关联性

植物根系生长发育形成的土壤裂隙和根—土环隙，以及根系腐烂，不仅可以形成新的优先路径，也会对原有优先路径的空间结构及分布产生影响。植物根系在生长期形成的三维网状根系体系所形成的孔隙系统并不都具有快速导流的作用，因此不可将全部根孔通道都视为优先路径。

本研究将继续利用多元点格局法结合野外现场试验时人工记录的开挖剖面中植物根系的位置信息、经软件分析处理后的染色图像所得到的优先路径的空间信息，分析土壤中植物根系与优先路径的空间关联性，以揭示三种典型植被类型优先流的发育与植物根系生长状况之间的关系。

5.4.1 柳树样地植物根系与优先路径的空间关联性

4个柳树样地中植物根系与不同径级的优先路径之间的空间关联性见表5-4。

表5-4 柳树样地中植物根系与不同径级的优先路径之间的空间关联性

样地	土壤深度（cm）	g 与 a	g 与 b	g 与 c	g 与 d	g 与 e
WP1	0～10	+	+	+	0→+	0
	10～20	+	+	+	0→+	0
	20～30	0→+	+	0→+	0	0
WP2	10～20	0	+	+	0	0→+
	20～30	+	+	+	0→+	0
	30～40	0	0→+	0	0	0
WP3	10～20	+	+	+	0→+	0→+
	20～30	0→+	0→+	0→+	0	0
	30～40	—	—	—	—	—
WP4	20～30	0→+	+	+	0→+	0→+
	30～40	0→+	0→+	0→—	0→—	0
	40～50	0→+	0→+	0	0	0
	50～60	0→+	0	0	0	0

注：表中 g 代表植物根系位置信息；a、b、c、d 和 e 分别代表径级为 ≤1.0 mm、1.0～2.5 mm、2.5～5.0 mm、5.0～10.0 mm 和 >10.0 mm 的优先路径的位置信息；+、— 和 0 代表植物根系与优先路径之间的空间关联性分别为正关联、负关联和相互独立。

在柳树样地中植物根系与优先路径随土壤深度的增加，空间关联性成由正关联向相互独立转变的趋势，且在样地 WP4 深度为 20～40 cm 的土层中植物根系与径级为 >10.0 mm 的优先路径之间的空间关联性表现为由负关联向相互独立转变的趋势。研究人员在野外试验中发现，柳树样地深度为 0～30 cm 的土层中植物根系数量比深层土壤部分多且生长分布状况更加复杂，因此两者之间的空间关联性为正关联。在柳树样地中径级为 5.0～10.0 mm 与 >10.0 mm 的优先路径与植物根系的空间关联性成由正关联向相互独立转变的趋势，说明植物根系对较大孔径的优先路径的影响程度比较小孔径的优先路径低。这与王伟（2011）对三峡库区紫色砂岩林地土壤中的植物根系对优先流的影响研究结果一致。

在深度为 30~40 cm 的土层内，施用 25 mm 入渗水量时不同径级优先路径与植物根系之间的空间关联性为相互独立，施用 60 mm 入渗水量时小孔径的优先路径与植物根系之间的空间关联性成相互独立向正关联转变的趋势，大孔径的优先路径与植物根系之间的空间关联性成相互独立向负关联转变的趋势。这可能是由于入渗水量的增加促进了土壤水分在水平方向上运移的能力，这与王伟（2011）对阔叶林地深度为 20~40 cm 的土层施用不同入渗水量得到的结论一致。

在深度为 40~60 cm 的土层内，柳树样地植物根系与小孔径的优先路径之间的空间关联性成相互独立向正关联转变的趋势，大孔径的优先路径与植物根系之间的空间关联性为相互独立，分布总体上表现为相对独立状态。这说明柳树样地底层土壤中的优先路径的形成和分布主要是由土壤性质、植物根系生长和根系腐烂决定的。

5.4.2 荆条样地植物根系与优先路径的空间关联性

荆条样地中植物根系与不同径级的优先路径之间的空间关联性见表 5-5，荆条样地中植物根系与优先路径随土壤深度的增加，空间关联性成由正关联向相互独立转变的趋势。研究人员在野外试验中发现，施用 25 mm 入渗水量时荆条样地深度为 0~20 cm 的土层中植物根系数量比深层土壤部分多且生长分布状况更加复杂，因此两者之间的空间关联性为正关联。施用 60 mm 入渗水量时荆条样地深度为 0~40 cm 的土层中植物根系数量较多且分布状况相对复杂，且在荆条样地中径级为>10.0 mm 的优先路径与植物根系的空间关联性成由正关联向相互独立转变的趋势，说明植物根系对较大孔径的优先路径的影响程度比较小孔径的优先路径低，这与柳树样地的研究结果一致。

表 5-5 荆条样地中植物根系与不同径级的优先路径之间的空间关联性

样地	土壤深度（cm）	g 与 a	g 与 b	g 与 c	g 与 d	g 与 e
VP1	0~10	+	+	+	0→+	0→+
	10~20	+	+	+	0→+	0
	20~30	0→+	0→+	0	0	0
VP2	0~10	0	+	+	0→+	0→+
	10~20	+	+	+	0→+	0
	20~30	0→+	0→+	0	0	0
VP3	0~10	—	—	—	—	—
	10~20	0→+	+	0→+	0→+	0
	20~30	0→+	0→+	0→+	0	0
VP4	20~30	+	+	+	0→+	0→+
	30~40	0→+	0→+	0→+	0→+	0
	40~50	0	0	0	0	0

注：表中 g 代表植物根系位置信息；a、b、c、d 和 e 分别代表径级为 ≤1.0 mm、1.0~2.5 mm、2.5~5.0 mm、5.0~10.0 mm 和 >10.0 mm 的优先路径的位置信息；+、— 和 0 代表植物根系与优先路径之间的空间关联性分别为正关联、负关联和相互独立。

在深度为 20~30 cm 的土层内，施用 25 mm 入渗水量时不同径级优先路径与植物根系之间的空间关联性成相互独立向正关联转变的趋势，施用 60 mm 入渗水量时较小孔径的优先路径与植物根系的空间关联性为正关联。这主要是因为在荆条样地中浅层土壤的优先流过程较强，土壤水分运移通道主要为土壤中根系发育而产生的优先路径。

在深度为 30~40 cm 的土层内，植物根系与不同径级优先路径之间的空间关联性成由相互独立向正关联转变的趋势。在深度为 40~50 cm 的土层内，植物根系与不同径级优先路径相互独立，这说明荆条样地底层土壤中的优先路径主要是由植物根系生长和腐烂产生的。

综上所述，荆条样地优先流主要表现为植物根系贯穿整个土壤剖面，是主要优先路径。这与前文中荆条样地中存在主根系参与土壤水分运移的结论相对应。

5.4.3 狗尾草样地植物根系与优先路径的空间关联性

4 个狗尾草样地中植物根系与不同径级的优先路径之间的空间关联性见表 5-6。在狗尾草样地中，植物根系与优先路径随土壤深度的增加，空间关联性成由正关联向相互独立转变的趋势。研究人员在野外试验中发现，施用 25 mm 入渗水量时狗尾草样地深度为 0~30 cm 的土层中的植物根系生长和分布状况对优先路径的形成和分布产生了正关联的影响。施用 60 mm 入渗水量时狗尾草样地深度为 0~40 cm 土层中的植物根系数量较多且根系的生长分布较复杂，对该土层优先路径的空间形成和分布也产生正关联的影响。由于在土层中随孔径分布范围的增加，植物根系与优先路径之间的相互独立性逐渐增强。随着狗尾草样地水平尺度的增加，径级为 >10.0 mm 的优先路径与植物根系之间的空间关联性为由正关联向相互独立转变的趋势，说明植物根系对较大孔径的优先路径的影响程度要低于较小孔径的优先路径，这与柳树样地和荆条样地的研究结果一致。

在深度为 0~30 cm 的土层，施用 25 mm 入渗水量时各径级优先路径与植物根系之间的空间关联性成由相互独立向正关联转变的趋势和正关联的关系，施用 60 mm 入渗水量时不同径级优先路径与植物根系之间的空间关联性为正关联。这主要是因为在狗尾草样地中浅层优先流的运移能力较强，土壤水分运移路径主要为浅层植物根系发育产生的优先路径。

在深度为 30~40 cm 的土层，狗尾草样地植物根系与不同径级优先路径之间的空间关联性成由相互独立向正关联转变的趋势。在深度为 40~50 cm 的土层，狗尾草样地植物根系与小孔径的优先路径之间的空间关联性成由相互独立向正关联转变的趋势，大孔径的优先路径与植物根系之间的空间关联性为相互独立。这说明狗尾草样地底层土壤中的优先路径主要是由植物根系生长和腐烂产生的，这与柳树样地和荆条样地的研究结果一致。

表 5-6　狗尾草样地植物根系与不同径级的优先路径之间的空间关联性

样地	土壤深度（cm）	g 与 a	g 与 b	g 与 c	g 与 d	g 与 e
SP1	10~20	0→+	+	+	0→+	0
	20~30	0→+	0	0	0	0

样地	土壤深度 （cm）	g 与 a	g 与 b	g 与 c	g 与 d	g 与 e
SP2	10～20	+	+	+	+	0→+
	20～30	0→+	0→+	0	0	0
SP3	10～20	0→+	+	+	+	0→+
	20～30	0→+	0→+	0→+	0→+	0
SP4	20～30	+	+	+	0→+	0
	30～40	0→+	0→+	0→+	0	0
	40～50	0→+	0→+	0	0	0

注：表中 g 代表植物根系位置信息；a、b、c、d 和 e 分别代表径级为≤1.0 mm、1.0～2.5 mm、2.5～5.0 mm、5.0～10.0 mm 和＞10.0 mm 的优先路径的位置信息；+、－和 0 代表植物根系与优先路径之间的空间关联性分别为正关联、负关联和相互独立。

5.5 小结

对三种典型植被类型不同土层的土壤水平剖面染色图像进行解析，可提取出图像中优先路径的数量分布和空间位置信息。将优先路径的孔径划分为≤1.0 mm、1.0～2.5 mm、2.5～5.0 mm、5.0～10.0 mm 和＞10.0 mm 5 个径级，再统计不同径级优先路径的数量及其位置信息。在三种典型植被类型土壤中，不同径级优先路径数量表现为：径级为≤1.0 mm 与 1.0～2.5 mm 的优先路径数量最多，径为 2.5～5.0 mm 与 5.0～10.0 mm 的优先路径数量最少；柳树样地优先路径数量最多，荆条样地次之，狗尾草样地数量最少。在25 mm 入渗水量条件下，各样地表现为深度为 0～20 cm 的土层的优先路径数量最多，随着土壤深度的加深，优先路径数量逐渐减少；在 60 mm 入渗水量条件下，各样地表现为深度为 30～40 cm 的土层的优先路径数量最多，深度为 20～30 cm 的土层的优先路径数量最少。在 60 mm 入渗水量条件下，柳树样地和狗尾草样地中各土层的优先路径数量明显高于 25 mm 入渗水量条件下各土层的优先路径数量，而荆条样地土壤水平剖面中土壤优先路径数量有所降低，但在垂直深度范围内优先路径总量以及不同径级优先路径数量的分布变化较稳定。

应用空间点格局法分别对 25 mm 入渗水量和 60 mm 入渗水量条件下，三种典型植被类型不同土层优先路径进行分析。当土壤尺度半径为100 mm时，柳树样地优先路径以聚集分布状态为主，荆条样地和狗尾草样地优先路径表现出较显著的聚集分布状态，且伴随随机分布和均匀分布状态，分布曲线以单峰曲线为主；随着入渗水量的提高，不同植被类型土壤优先路径的水平空间分布情况更复杂。

利用多元点格局法对三种典型植被类型土壤的优先路径进行空间关联性解析，结果表明，不同径级优先路径均会对三种典型植被类型土壤的优先路径的空间分布关系产生一定影响，但不同植被类型之间存在差异。在柳树样地和荆条样地中，随着优先路径孔径值的增大，其空间关联性逐渐降低，而狗尾草样地的变化趋势则相反。这说明相邻较小孔径之间的优先路径在土壤空间中的分布和形成相互影响。随着降水量的增加，（入渗水量的增加）也促进了相邻孔径分布范围优先路径的正函数关系，对优先路径的连通性和导水性有促进作用。

利用多元点格局法对三种典型植被类型样地中植物根系与优先路径进行空间关联性解析，结果表明，施用25 mm入渗水量时三种典型植被类型样地深度为0~30 cm的土层的植物根系与优先路径表现出显著的空间关联性，即优先路径的形成主要与植物根系的生长状况有关。而当土壤深度>30 cm时，由于土壤中植物根系的减少，二者之间的空间关联性总体表现为由正关联向相互独立转变的趋势，即植物根系与优先路径的空间关联性逐渐降低。而施用60 mm入渗水量时各样地深度为0~40 cm的土层的优先路径的空间形成和分布也产生正关联的影响，主要是因为入渗水量的增加，土壤层中水分运移分化加剧，土壤优先流中水分的水平扩散作用加强，影响了优先路径与土层深度的空间关联性。

6 永定河典型植被类型土壤优先流形成的影响因素分析

有研究表明，优先流现象是在外部因素和内部因素的共同作用下产生的。外部因素主要指土壤含水量、水分梯度和降水等（王伟，2011；陈晓冰，2016），前文已经对不同入渗水量条件下三种典型植被类型土壤优先流的形成进行了系统研究，在垂直剖面中水势差的增加有利于优先流形态的分化（王伟，2011）。内部因素主要指土壤理化性质以及植物根系特征等（Zhang 等，2007；陈晓冰，2016），前文分析得出植物根系含量能通过改变优先路径来促进优先流的发育。

土壤和植物等的分布情况具有区域性差异，导致不同环境条件下优先流形成因素不同（陈晓冰，2016）。为了解析诸多环境因子对永定河平原南部三种典型植被类型土壤优先流形成的影响，研究人员在野外试验时分别采集了不同深度土层亮蓝染色剂染色区和未染色区内的土壤和植物根系样品，测定其主要指标。结合样地水分条件，系统对比分析染色区和未染色区内土壤和植物等环境因子的差异，进一步揭示影响永定河平原南部三种典型植被类型土壤优先流形成的主要因素。

6.1 土壤理化性质对土壤优先流形成的影响

土壤容重、土壤质量含水量、土壤孔隙度、土壤机械组成和土壤有机质含量等指标是评价土壤结构以及土体通气透水性能的重要指标，直接影响着植物根系的生长分布状况。本研究中通过对比不同深度土壤亮蓝染色区和未染色区的理化性质指标，来描述土壤理化性质与优先流发生以及发展的关系（Wang 等，2009；陈晓冰，2016）。

6.1.1 土壤容重

土壤容重是评价土壤理化性质的主要指标之一，其值越小，说明土壤的结构状况越好，土壤的通气透水性能越强。由于植物根系的生长能对土壤结构产生影响，不同植被类型样地的土壤容重往往差异较大（Williams 等，2003）。

研究区三种典型植被类型土壤染色区和未染色区的土壤容重随土壤垂直深度的变化状况见表 6-1。柳树样地、荆条样地和狗尾草样地内染色区土壤容重随土壤深度的增加变化不明显，而在未染色区中土壤容重均表现为随土壤深度的增加而增大，且最大值出现在土壤中部土层。在相同土壤深度下三种典型植被类型样地均表现出染色区土壤容重大于未染色区的特点，这与王伟（2011）和陈晓冰（2016）得出的三峡库区土壤优先流染色区域土壤容重显著低于未染色区域的结论不同，可能是因为本研究区土质为松砂土，土壤孔隙度高，容重值偏低，而植物根系的生长会对土壤结构产生一定的挤压和胶结作用，使得染色区土壤容重略高于未染色区。

表 6-1 三种典型植被类型土壤染色区和未染色区的土壤容重

植被类型	土壤深度（cm）	土壤容重（g·cm^{-3}）	
		染色区	未染色区
柳树样地（WP）	0～10	1.42±0.05	1.07±0.21
	10～20	1.43±0.05	1.26±0.21
	20～30	1.37±0.05	1.35±0.21
	30～40	1.49±0.07	1.44±0.29
	40～50	1.46±0.07	1.43±0.29
	50～60	1.36±0.10	1.37±0.41
荆条样地（VP）	0～10	1.53±0.03	1.14±0.32
	10～20	1.57±0.03	1.15±0.32
	20～30	1.58±0.03	1.57±0.32
	30～40	1.52±0.07	1.50±0.63
	40～50	1.53±0.07	1.50±0.63

续表6－1

植被类型	土壤深度（cm）	土壤容重（g·cm⁻³）	
		染色区	未染色区
狗尾草样地（SP）	0～10	1.46±0.03	0.73±0.35
	10～20	1.47±0.03	1.15±0.35
	20～30	1.45±0.03	1.47±0.40
	30～40	1.42±0.07	1.36±0.70
	40～50	1.48±0.07	1.39±0.70

注：表中土壤容重数据为平均值±标准差。

在深度为0～10 cm表层土壤，狗尾草样地染色区和未染色区土壤容重分别为1.46 g·cm⁻³、0.73 g·cm⁻³，绝对差值最大，达到0.73；荆条样地次之，绝对差值为0.39；柳树样地最小，绝对差值为0.35。这说明狗尾草样地表层土壤异质性较高，水流形态分化程度高，易发生优先流现象；与狗尾草样地根系主要分布在该土层有关。这与陈晓冰（2016）对四面山草地的研究结果一致，即植被主要发育土层的优先流更发育。

在深度为10～20 cm的土层，荆条样地染色区和未染色区土壤容重分别为1.57 g·cm⁻³、1.15 g·cm⁻³，绝对差值最大，为0.42，柳树样地绝对差值最小，为0.17。这说明荆条样地在该深度范围土壤容重的差异较大，引起优先路径之间土壤水分相互作用的能力较强。

在深度为>20 cm土层，三种典型植被类型的土壤染色区和未染色区土壤容重绝对差值相近，均小于0.10，这说明在该深度范围土壤结构相似。由于该土层染色区内存在植物生长根系，与上一土层中存在上下连通的土壤孔隙结构（Zhang等，2007）。

在一定土壤深度范围内，三种典型植被类型土壤未染色区的土壤容重随土壤深度的增加而增大。柳树样地土壤未染色区的土壤容重最大值出现在深度为30～40 cm的土层，而其他两种植被类型土壤未染色区的土壤容重最大值均出现在深度为20～30 cm的土层，且最大值和最小值的绝对差值分别为0.37、0.43和0.74。三种典型植被类型在0～60 cm的土壤深度范围内，染色区土壤容重总体表现为荆条样地（1.52～1.58 g·cm⁻³）>狗尾草样地（1.42～1.48 g·cm⁻³）>柳树样地（1.36～1.49 g·cm⁻³）。这说明柳树样地相比荆条样地和狗尾草样地更容易发生优先流现象。

6.1.2 土壤质量含水量

土壤质量含水量是指单位土壤中所含水分的数量。三种典型植被类型土壤染色区和未染色区的土壤质量含水量见表 6-2。结果表明，三种典型植被类型相同土壤深度下土壤质量含水量表现为染色区高于未染色区［狗尾草样地土壤深度大于 20 cm 的除外］，但显著差异性不明显（$P>0.05$）。柳树样地和狗尾草样地均随土壤深度的增加土壤质量含水量降低，染色区和未染色区土壤质量含水量均表现为表层显著高于底层（$P<0.05$），而荆条样地的土壤质量含水量表现为浅层土壤低于底层。可能是因为在本研究中，荆条样地染色剖面中的荆条主根系参与了染色剂的运移，使得表层土壤水分快速运移至深层土壤所致。

表 6-2 三种典型植被类型土壤染色区和未染色区的土壤质量含水量

植被类型	土壤深度（cm）	土壤质量含水量（%）	
		染色区	未染色区
柳树样地（WP）	0~10	11.25±1.60	8.67±2.45
	10~20	12.49±1.60	12.22±2.45
	20~30	11.15±1.60	10.74±2.45
	30~40	9.25±2.26	8.71±3.46
	40~50	8.85±2.26	6.51±3.46
	50~60	8.73±3.20	6.90±4.89
荆条样地（VP）	0~10	7.72±0.97	5.22±1.55
	10~20	7.90±0.97	4.41±1.55
	20~30	7.29±0.97	6.00±1.55
	30~40	10.87±1.94	7.92±3.10
	40~50	9.84±1.94	8.66±3.10

植被类型	土壤深度（cm）	土壤质量含水量（%）	
		染色区	未染色区
狗尾草样地（SP）	0～10	10.74±0.99	5.39±3.38
	10～20	10.77±0.99	8.00±3.38
	20～30	10.44±1.15	12.76±3.90
	30～40	5.92±1.99	6.56±6.75
	40～50	7.72±1.99	8.89±6.75

注：表中土壤质量含水量数据为平均值±标准差。

在深度为0～10 cm土层，狗尾草样地染色区和未染色区的土壤质量含水量分别为10.74%和5.39%，绝对差值为5.35%，显著高于其他两种植被类型。这主要是因为在狗尾草样地的浅层土壤中存在着植物根系的集中分布现象，对表层土壤水流形态分化有着一定的促进作用。

在深度为10～30 cm的土层，荆条样地和狗尾草样地的染色区和未染色区土壤质量含水量的绝对差值均显著高于柳树样地（$P<0.05$），其中深度为10～20 cm的土层，绝对差值分别为3.49%（荆条样地）、2.77%（狗尾草样地）和0.27%（柳树样地）；狗尾草样地、荆条样地和柳树样地在深度为20～30 cm的土层，土壤质量含水量绝对差值分别为2.32%、1.29%和0.41%，说明该土层荆条和狗尾草样地中植物根系生长和腐烂以及土壤生物活动等因素可使土壤质量含水量异质性增强。

当深度大于30 cm时，荆条样地和柳树样地的染色区和未染色区的土壤质量含水量的差异较大，其中柳树样地的染色深度均比其他两种植被类型样地深，土壤质量含水量的绝对差值分别为0.54%（深度为30～40 cm）、2.34%（深度为40～50 cm）和1.83%（深度为50～60 cm）。而荆条样地的土壤质量含水量也明显高于狗尾草样地，其土壤质量含水量的绝对差值分别为2.95%（深度为30～40 cm）、1.18%（深度为40～50 cm）。

综上所述，柳树样地的土壤染色深度较深，土壤质量含水量在深层土壤染色区和未染色区差异不明显，主要是因为土壤结构均一性较好，浅层根系仅影响0～10 cm土壤深度范围内的土壤质量含水量；柳树样地的主根对土壤质量含水量的影响较小。荆条样地和狗尾草样地都表现为受浅层植物根系生长的影响，0～20 cm土壤深度范围内土壤质量含水量绝对差值较大，在深层土壤中绝对差值较小。土壤质量含水量的绝对差值受植物根系的影响较大，说明植物根系的生长和腐烂对优先流的发生和发展有着积极的影响（张洪江，2010；王贤，2014）。

6.1.3 土壤孔隙度

土壤孔隙度是指土壤固体颗粒间孔隙的百分比，主要分为毛管孔隙度、非毛管孔隙度和总孔隙度（孙向阳，2005）。土壤孔隙度直接影响着土壤物理性质以及土壤的养分状况（张洪江，2010；吕文星，2013；陈晓冰，2016）。

三种典型植被类型土壤染色区和未染色区的土壤孔隙度变化状况见表6-3。由表6-3可知，柳树样地的土壤染色区和未染色区的孔隙度随土壤深度的增加而降低，土壤结构表现为较强的空间变异性；荆条样地和狗尾草样地土壤染色区孔隙度随土壤深度的增加差异不显著，而未染色区孔隙度随土壤深度的增加逐渐增大，且表现为底层土壤孔隙度显著大于表层（$P < 0.05$）。

在柳树样地中，除深度为0~10 cm的表层表现为染色区土壤孔隙度显著大于未染色区土壤孔隙度（$P < 0.05$），其余土层均表现为染色区土壤孔隙度相对小于未染色区土壤孔隙度，但差异不显著（$P > 0.05$）。这说明表层植物根系的生长提高了土壤表层水流形态分化程度，而在柳树样地中表层植物根系主要为草本植物浅层根系。

在荆条样地中，土壤孔隙度除在30~50 cm土壤深度范围内，总体表现为染色区土壤孔隙度显著高于未染色区（$P < 0.05$）。这说明在荆条样地0~30 cm的土壤深度范围内，植物根系的生长和腐烂过程促进了土壤中孔隙结构的空间分布（张洪江，2010）。

在狗尾草样地0~20 cm的土壤深度范围内，染色区土壤毛管孔隙度、非毛管孔隙度和总孔隙度均显著高于未染色区（$P < 0.05$），而在大于20 cm的土壤深度范围内，染色区土壤总孔隙度和毛管孔隙度均表现为低于未染色区的土壤总孔隙度和毛管孔隙度，差异性不显著（$P > 0.05$）。这说明在狗尾草样地的表层土壤中，植物根系的生长和腐烂过程增加了土壤的孔隙结构，使得土壤孔隙度增大，这与柳树样地和荆条样地的研究结果相同。

柳树样地、荆条样地和狗尾草样地在植物根系生长发育相对集中的土层中，染色区土壤孔隙度高于未染色区土壤孔隙度，进一步说明随着孔隙度的增加优先流发育程度相对更高（王伟，2011；陈晓冰，2016）。而土壤容重表现为底层容重高于表层容重，这和土壤孔隙度在土层中的分布不同，说明土壤容重并不是影响土壤孔隙度的唯一指标。

表6-3　三种典型植被类型土壤染色区和未染色区的土壤孔隙度变化状况

植被类型	土壤深度(cm)	染色区			未染色区		
		毛管孔隙度(%)	非毛管孔隙度(%)	总孔隙度(%)	毛管孔隙度(%)	非毛管孔隙度(%)	总孔隙度(%)
柳树样地(WP)	0~10	39.44±1.52	7.76±1.75	47.20±2.32	33.45±6.61	3.32±2.09	36.77±7.52
	10~20	39.12±1.52	7.63±1.75	46.74±2.32	43.76±6.61	10.84±2.09	54.61±7.52
	20~30	36.10±1.52	9.49±1.75	45.59±2.32	38.34±6.61	8.06±2.09	46.40±7.52
	30~40	36.43±2.14	6.69±2.48	43.12±3.28	35.66±9.34	8.43±2.95	44.09±10.64
	40~50	35.02±2.14	6.45±2.48	41.47±3.28	30.81±9.34	11.66±2.95	42.47±10.64
	50~60	35.70±3.03	5.99±3.50	41.69±4.64	25.7±13.21	14.86±4.17	40.56±15.05
荆条样地(VP)	0~10	34.93±1.84	6.28±0.67	41.21±1.70	26.76±6.93	5.37±1.68	32.12±8.41
	10~20	32.75±1.84	7.05±0.67	39.80±1.70	23.47±6.93	5.92±1.68	29.39±8.41
	20~30	32.35±1.84	6.67±0.67	39.01±1.70	32.38±6.93	4.98±1.68	37.36±8.41
	30~40	33.90±3.68	5.55±1.31	39.45±3.40	38.46±13.86	4.65±3.36	43.11±16.83
	40~50	32.52±3.68	9.53±1.31	42.05±3.40	37.76±13.86	4.33±3.36	42.09±16.83
狗尾草样地(SP)	0~10	41.69±1.04	5.71±1.07	47.39±0.93	19.71±9.38	3.40±1.31	23.11±10.56
	10~20	37.31±1.04	5.34±1.07	42.65±0.93	30.61±9.38	1.92±1.31	32.52±10.56
	20~30	38.45±1.20	6.81±1.23	45.26±.08	40.71±10.83	4.59±1.51	45.30±12.19
	30~40	31.05±2.08	10.7±2.14	41.75±1.87	37.25±18.77	7.08±2.62	44.33±21.12
	40~50	39.56±2.08	5.74±2.14	45.30±1.87	43.93±18.77	4.96±2.62	48.89±21.12

注：表中毛管孔隙度、非毛管孔隙度、总孔隙度数据为平均值±标准差。

6.1.4　土壤机械组成

土壤机械组成可以反映土壤的结构和通气透水状况，同时也可以影响土壤中水分和养分的转化过程，以及植被的生长发育状况（张洪江，2010）。

三种典型植被类型土壤染色区和未染色区的土壤机械组成见表6-4。结果表明，研究区土壤以松砂土为主，属于沙土类，土壤的粒间孔隙大，土壤通透性良好，保水能力差。对于同一植被类型来说，土壤染色区和未染色区的土壤机械组成差异不显著（$P>0.05$）。随土壤深度的增加，土壤机械组成在染色区和未染色区内出现明显的差异性（$P<0.05$），且在染色区内黏粒和粉粒均表现出随土壤深度的增加总体先减少再增加；而在未染色区变化不明显，且砂粒含量的变化总体表现为差异性不显著。这说明对于各样地同一土壤深度范围内，染色区和未染色区土壤机械组成主要表现为黏粒和粉粒含量的变化差异，且在浅层随土壤深度的增加而增大，这可能与土壤中植物根系生长和分布情况有关，植物根系的生长发育不仅提高了土壤的有机质含量，利于土壤团聚体的形成，形成连通的孔隙结构，同时也促进了优先流的发生和发展（Dekker等，2001；Lange等，2009）。

表6-4 三种典型植被类型土壤染色区和未染色区的土壤机械组成

植被类型	土壤深度(cm)	染色区			未染色区		
		黏粒含量(%)	粉粒含量(%)	砂粒含量(%)	黏粒含量(%)	粉粒含量(%)	砂粒含量(%)
柳树样地(WP)	0~10	1.76±0.28	8.70±1.12	89.54±1.39	2.66±0.96	12.85±1.47	84.50±2.32
	10~20	2.29±0.32	10.45±1.29	87.28±1.61	3.20±0.83	12.86±1.27	83.94±2.01
	20~30	4.58±0.28	18.55±1.12	76.83±1.39	6.62±0.83	13.43±1.27	79.95±2.01
	30~40	0.68±0.39	4.17±1.58	95.15±1.97	0.93±1.24	4.05±1.89	95.02±3.00
	40~50	1.45±0.55	8.59±2.24	89.96±2.79	2.06±1.17	6.90±1.80	91.05±2.85
	50~60	0.13±0.55	4.31±2.24	95.56±2.79	0.13±1.66	6.32±2.54	93.55±4.03
荆条样地(VP)	0~10	1.68±0.16	9.57±0.44	88.75±0.53	2.27±0.24	9.16±0.72	88.56±0.95
	10~20	2.56±0.16	9.33±0.44	88.06±0.53	1.91±0.21	7.30±0.62	90.79±0.82
	20~30	0.93±0.16	5.95±0.44	93.11±0.53	1.16±0.24	5.19±0.72	93.65±0.95
	30~40	2.66±0.32	10.16±0.87	87.19±1.05	1.96±0.42	7.72±1.24	90.33±1.64
狗尾草样地(SP)	0~10	4.96±0.46	15.76±1.11	79.29±1.56	2.72±0.31	9.74±0.88	87.54±1.15
	10~20	3.05±0.46	11.69±1.11	85.26±1.56	2.94±0.31	9.71±0.88	87.35±1.15
	20~30	1.62±0.53	8.15±1.28	90.23±1.81	2.66±0.31	10.15±0.88	87.19±1.15
	30~40	3.21±0.91	15.07±2.23	81.72±3.13	0.35±0.53	4.72±1.53	94.93±1.99
	40~50	0	7.75±2.23	92.24±3.13	0	2.03±1.53	97.97±1.99

注：表中黏粒含量、粉粒含量、砂粒含量数据为平均值±标准差。

6.1.5 土壤有机质含量

土壤有机质是反映土壤质量和肥力水平的重要指标（孙向阳，2005），其含量的多少影响着土壤团聚体结构的形成以及植物的生长和繁殖。植物根系发达区域土壤有机质含量较高，孔隙结构连通性较好，对土壤保肥性有着积极的作用，有利于优先流的发育（张洪江，2010）。

对研究区三种典型植被类型染色区和未染色区的土壤有机质含量进行测定，结果见表6-5。由表6-5可知，三种典型植被类型样地染色区和未染色区的土壤有机质含量均随土壤深度的增加而减少，在0~60 cm 土壤深度范围内土壤有机质含量在各深度土层之间差异性显著（$P < 0.05$）。柳树样地、荆条样地和狗尾草样地深度为0~10 cm 的土层染色区和未染色区的土壤有机质含量分别是最底层土壤的3.87、1.65、3.27、2.02和2.25、1.98倍，说明土壤有机质含量主要集中分布在表层土壤中，这是因为在表层土壤中有着大量腐烂的植物凋落物和集中分布的植物根系（陈晓冰，2016）。

表6-5 三种典型植被类型土壤染色区和未染色区的土壤有机质含量

植被类型	土壤深度（cm）	土壤有机质含量（g·kg^{-1}）	
		染色区	未染色区
柳树样地（WP）	0~10	6.50±0.78	5.46±1.29
	10~20	5.30±0.78	6.15±1.29
	20~30	3.95±0.78	4.10±1.29
	30~40	3.00±1.10	2.81±1.83
	40~50	3.17±1.10	2.84±1.83
	50~60	1.68±1.56	3.30±2.58
荆条样地（VP）	0~10	7.23±0.26	4.73±1.08
	10~20	3.96±0.26	2.62±1.08
	20~30	2.15±0.26	2.40±1.08
	30~40	2.06±0.52	2.45±2.16
	40~50	2.21±0.52	2.34±2.16

续表6-5

植被类型	土壤深度（cm）	土壤有机质含量（g·kg⁻¹）	
		染色区	未染色区
狗尾草样地（SP）	0～10	6.46±0.32	5.69±1.01
	10～20	6.02±0.32	4.20±1.01
	20～30	4.34±0.37	2.38±1.17
	30～40	3.39±0.65	1.93±2.03
	40～50	2.87±0.65	2.87±2.03

注：表中土壤有机质含量数据为平均值±标准差。

在同一土壤深度范围内染色区和未染色区的土壤有机质含量总体差异性显著（$P<0.05$），表现为各植被类型染色区的土壤有机质含量均大于未染色区的土壤有机质含量。分析不同植被类型样地土壤染色区和未染色区土壤有机质含量之间的差异，可知土壤有机质含量变化对优先流的形成产生了一定影响（王贤，2014）。土壤有机质含量较高的区域，易形成土壤团聚体结构，进而促进优先流的形成和发展。但有研究表明，当土壤有机质含量达到一定值以后，其对优先流的积极影响趋于稳定（梁向锋等，2009）。

6.2　根系对土壤优先流形成的影响

由于存在外部降雨、人为扰动、土壤生物活动、植物根系生长等因素的影响，土壤具有空间异质性（陈晓冰，2016）。在不同植物群落中根系的生长发育过程不同，导致土壤环境存在差异（张洪江，2010）。土壤中植物根系的生长发育以及死亡腐烂过程所形成的土壤孔隙通道均为优先路径，易发生明显的优先流现象。根系的死亡腐烂可分为三种形态：初始腐烂、半腐烂和完全腐烂。初始腐烂加大了根—土间隙尺度，保留有活根的形态特征；在半腐烂阶段，由于根系木质部和根皮的腐烂速度不一致形成了管状的根孔通道（王大力、尹澄清，2000）；在完全腐烂阶段，形成了以原始活根为原型的孔隙通道，其形态大小由原始活根特性决定。

有研究表明，植物根系在生长发育过程中与土壤基质环境进行水分交换时，会与周围土体发生干湿交替循环，有利于根—土环隙类大孔隙的形成；而活根系在生长过程中也会产生结构性孔隙系统（Passioura，2002）。也有学者认为，只要由根系的生长发育和死亡腐烂产生的孔隙通道能够发挥优先流效应，就可以将其视为优先路径（曾强，2016）。

在土壤水分入渗过程中，部分染色剂沿土壤中植物根系产生的根孔通道向深层土壤入渗，能在根系周围75%～90%的土壤区域发生染色现象（陈晓冰，2016）。土壤中由于植物根系生长、发育而产生的土壤孔隙结构均为优先路径，植物根系对优先流的形成和发育具有一定影响（Lesturgez 等，2004）。

6.2.1 植物根长密度

植物根长密度是指在一定单位土壤体积内不同径级根系的长度。本研究将三种典型植被类型中植物根系分为 5 个径级（≤1.0 mm、1.0～2.5 mm、2.5～5.0 mm、5.0～10.0 mm 和>10.0 mm），比较这 5 个径级的植物根系在土壤染色区与未染色区的根长密度，并说明不同径级的植物根系对优先流的影响（见表6-6）。由表6-6可知，对于同一植被类型，土壤染色区和未染色区中植物根长密度随土壤深度的增加而降低，而在同一土壤深度范围内则表现为染色区植物根长密度大于未染色区植物根长密度，且其中径级为≤1.0 mm 的植物根系数量最多，径级为>10.0 mm 的植物根系数量最少。三种植被类型植物根长密度的总量在0～60 cm 土壤深度范围内表现为柳树样地>荆条样地>狗尾草样地，其中各植被类型染色区中≤1.0 mm、1.0～2.5 mm 和 2.5～5.0 mm这三种径级的植物根系的植物根长密度均显著大于未染色区（$P<0.05$）。这说明优先流多发生在植物根系生长活动较密集的土壤区域（陈晓冰，2016）。

表6-6 土壤染色区和未染色区的植物根长密度

植被类型	土壤深度(cm)	染色区植物根长密度 (m·m⁻³)					未染色区植物根长密度 (m·m⁻³)				
		≤1.0(mm)	1.0~2.5(mm)	2.5~5.0(mm)	5.0~10.0(mm)	>10.0(mm)	≤1.0(mm)	1.0~2.5(mm)	2.5~5.0(mm)	5.0~10.0(mm)	>10.0(mm)
柳树样地(WP)	0~10	1981.72	143.22	24.60	5.90	5.00	94.40	8.20	6.40	0	0
	10~20	1274.23	96.70	21.35	5.55	13.20	343.70	124.60	20.45	1.50	3.40
	20~30	324.39	85.80	16.10	5.50	13.70	654.50	54.30	3.90	8.40	0.20
	30~40	48.60	62.00	2.10	1.40	4.20	89.60	14.00	0	0	0
	40~50	86.80	10.00	1.10	0	2.40	89.00	6.40	0	0	0
	50~60	27.20	2.00	0	0	0	25.20	1.52	0	0	0
荆条样地(VP)	0~10	11299.33	146.80	16.40	5.17	3.00	253.20	5.85	1.85	2.10	0
	10~20	2438.40	34.70	6.20	2.80	2.90	556.80	7.10	1.50	1.55	0.53
	20~30	242.60	2.00	2.00	2.30	0	364.80	1.35	0	0	0
	30~40	112.00	13.20	8.00	7.60	0	38.40	8.00	5.60	5.20	0
狗尾草样地(SP)	0~10	19101.90	75.90	12.40	0	0	1183.60	4.20	6.75	0	0
	10~20	1025.65	12.90	12.38	0	0	741.60	10.80	16.40	0	0
	20~30	428.44	4.00	5.33	13.07	0	599.07	8.13	36.53	8.68	5.20
	30~40	76.80	38.00	7.20	24.40	0	331.20	7.00	6.00	4.00	0
	40~50	25.20	36.00	0	13.40	0	205.60	5.20	3.60	1.50	0

6.2.2 植物根重密度

植物根重密度是指在一定单位土壤体积内植物根系的质量，主要反映植物根系在土壤中的生物量及其生长状况（吕文星，2013；陈晓冰，2016）。三种典型植被类型土壤染色区和未染色区的植物根重密度见表6-7。

表6-7 三种典型植被类型土壤染色区和未染色区的植物根重密度

植被类型	土壤深度（cm）	根重密度（kg/m³）	
		染色区	未染色区
柳树样地（WP）	0~10	1.70±1.02	0.22±0.2
	10~20	1.59±0.88	1.12±0.80
	20~30	1.03±0.71	0.98±0.32
	30~40	0.48±0.42	0.27±0.12
	40~50	0.21±0.13	0.19±0.10
	50~60	0.09±0.00	0.08±0.00
荆条样地（VP）	0~10	2.11±0.89	1.03±0.75
	10~20	1.02±0.45	0.67±0.22
	20~30	0.36±0.11	0.33±0.09
	30~40	0.43±0.20	0.20±0.15
狗尾草样地（SP）	0~10	1.66±0.77	0.84±0.42
	10~20	0.84±0.39	0.83±0.21
	20~30	0.86±0.50	1.01±0.64
	30~40	0.85±0.71	0.64±0.42
	40~50	0.42±0.00	0.51±0.00

注：表中根重密度数据为平均值±标准差。

三种典型植被类型的植物根重密度在土壤染色区和未染色区中均随土壤深度的增加而降低，且在上下不同土层之间植物根重密度的差异性逐渐增强（$P<0.05$）。柳树样地表现出在0~30 cm土壤深度范围内植物根重密度最大，染色区和未染色区植物根重密度分别为1.03~1.70 kg·m⁻³和0.22~1.12 kg·m⁻³；荆条样地植物根重密度最大值集中出现在0~20 cm土壤深度范围，染色区和未

染色区植物根重密度分别为 2.11 kg·m⁻³（深度为 0～10 cm）、1.02 kg·m⁻³（深度为 10～20 cm）和 1.03 kg·m⁻³（深度为 0～10 cm）、0.67 kg·m⁻³（深度为 10～20 cm）；狗尾草样地表现出 0～10 cm 土壤深度范围内植物根重密度最大，染色区和未染色区植物根重密度分别为 1.66 kg·m⁻³ 和 0.84 kg·m⁻³，在深层土壤中植物根重密度最小。这反映出三种植被类型植物根系分布的空间差异较大，植物根系的生长发育对优先流的形成具有积极影响（吕文星，2013；陈晓冰，2016）。

6.2.3 植物根孔数量

在野外亮蓝染色试验挖掘土壤剖面的过程中，研究人员可以直观观测到由于根系腐烂而形成的上下连通的根孔，其影响着土壤中水分和溶质的迁移过程（王伟，2011；陈晓冰，2016）。三种植被类型土壤染色区和未染色区的植物根孔数量分布情况见表 6-8，在土壤染色区的根孔数量显著高于未染色区的根孔数量（$P<0.05$）（Bargués Tobella 等，2014；陈晓冰，2016）。

表 6-8　三种典型植被类型土壤染色区和未染色区的植物根孔数量分布情况

植被类型	土壤深度（cm）	根孔数量（个·m⁻²）	
		染色区	未染色区
柳树样地（WP）	0～10	62.4±16.25	50.23±14.56
	10～20	60.12±9.88	44.3±10.28
	20～30	53.3±6.49	40.2±5.56
	30～40	30.26±5.58	23.3±10.20
	40～50	16.45±5.65	14.2±4.45
	50～60	10.0±4.20	8.42±4.00
荆条样地（VP）	0～10	60.25±15.25	19.75±10.56
	10～20	55.40±13.43	21.24±7.62
	20～30	20.45±10.2	17.5±3.50
	30～40	20.40±5.40	8.47±0.45
	40～50	5.6±3.60	2.22±2.00

植被类型	土壤深度（cm）	根孔数量（个·m^{-2}）	
		染色区	未染色区
狗尾草样地（SP）	0～10	66.52±16.20	43.44±14.20
	10～20	33.55±10.52	20.11±6.85
	20～30	16.04±7.2	20.00±7.5
	30～40	9.81±3.42	7.7±5.20
	40～50	9.8±4.50	7.15±2.45

注：表中根孔数量数据为平均值±标准差。

　　三种典型植被类型土壤染色区和未染色区的植物根孔数量总体表现出随土壤深度的增加而降低（陈晓冰，2016）。其中柳树样地根孔集中在0～30 cm土壤深度范围内，荆条样地根孔集中在0～20 cm土壤深度范围内，狗尾草样地根孔集中在0～10 cm土壤深度范围内，反映出优先流现象易发生在浅层植物根系相对集中发育的区域，而深层土壤优先流则表现为不显著（吕文星，2013）。

6.3　土壤优先流形成的影响因素综合分析

　　土壤优先流的形成是一个复杂且多变的过程，土壤水分、土壤性质以及植物根系等均影响着优先流的形成和发展（Allaire等，2009）。通过分析各环境因素对优先流发生和发展的影响来揭示研究区三种典型植被类型优先流形成的影响因素，是极具研究价值的。

　　本研究通过相关分析法筛选出与优先流染色面积比相关性较高的环境因子，进一步对其进行主成分分析，用来揭示永定河三种典型植被类型优先流形成的主要影响因素。

6.3.1　柳树样地不同环境因子与土壤染色面积比的关系

　　为了更加全面、准确地解析影响柳树样地优先流形成的因素，本研究分别对柳树样地植物根系、土壤理化性质等优先流形成的内部因素，以及土壤含水量、入渗水量等优先流形成的外部因素进行分析，柳树样地环境因子与染色面积比的 Spearman 相关性分析见表 6-9。

分析结果表明，在 25 mm 入渗水量条件下，土壤深度、非毛管孔隙度、土壤容重、黏粒含量、砂粒含量与染色面积比成负相关，而其他因子则成正相关。其中土壤深度、土壤有机质含量、根重密度、根孔数量、径级为 1.0～2.5 mm 的植物根系的根长密度、径级为 2.5～5.0 mm 的植物根系的根长密度和径级为 5.0～10.0 mm 的植物根系的根长密度等环境因子均与染色面积比显著（或极显著）相关（$P<0.05$ 或 $P<0.01$），而其他环境因子与染色面积比的相关性程度均较低。

在 60 mm 入渗水量条件下，土壤深度、非毛管孔隙度、土壤容重和砂粒含量等环境因子与染色面积比成负相关，其余环境因子与染色面积比成正相关。其中土壤深度、毛管孔隙度、最大持水量、田间持水量、土壤质量含水量、土壤有机质含量、根重密度、根孔数量、黏粒含量、粉粒含量、砂粒含量、径级为 1.0～2.5 mm 的植物根系的根长密度和径级为>10.0 mm 的植物根系的根长密度等环境因子均与染色面积比显著（或极显著）相关（$P<0.05$ 或 $P<0.01$），而其他环境因子与染色面积比的相关性程度均较低。这说明入渗水量的增加加大了部分环境因子对优先流形成的影响，对优先流的形成和发展有着积极的作用。

表 6-9　柳树样地环境因子与染色面积比的 Spearman 相关性分析

环境因子	25 mm 入渗水量条件		60 mm 入渗水量条件		综合	
	相关系数	显著性检验	相关系数	显著性检验	相关系数	显著性检验
土壤深度	-0.9723	<0.0001	-0.7143	0.0091	-0.7864	<0.0001
总孔隙度	0.3433	0.1177	0.3675	0.2399	0.1949	0.2693
毛管孔隙度	0.3320	0.1312	0.6868	0.0136	0.2993	0.0855
非毛管孔隙度	-0.0906	0.6884	-0.4806	0.1138	-0.2436	0.1651
最大持水量	0.2311	0.3008	0.6361	0.0262	0.0471	0.7913
最小持水量	0.2107	0.3466	0.6078	0.0360	0.1285	0.4689
田间持水量	0.2039	0.3627	0.6361	0.0262	0.1340	0.4499
土壤质量含水量	0.2402	0.2817	0.7350	0.0065	0.2405	0.1707
土壤容重	-0.0680	0.7638	-0.1979	0.5376	0.1028	0.5629
土壤有机质含量	0.4850	0.0222	0.7068	0.0102	0.4422	0.0088
根重密度	0.4699	0.0273	0.5937	0.0418	0.4317	0.0108
根孔数量	0.7026	0.0003	0.6785	0.0153	0.5965	0.0002
黏粒含量	-0.0456	0.8402	0.5947	0.0414	0.0418	0.8143
粉粒含量	0.0160	0.9438	0.7492	0.0050	0.1144	0.5195
砂粒含量	-0.0160	0.9438	-0.6926	0.0125	-0.1045	0.5563
径级为≤1.0 mm 的植物根系的根长密度	0.4099	0.0582	0.3994	0.1984	0.3376	0.0508
径级为 1.0～2.5 mm 的植物根系的根长密度	0.5612	0.0066	0.5870	0.0448	0.4784	0.0042
径级为 2.5～5.0 mm 的植物根系的根长密度	0.4759	0.0252	0.4996	0.0982	0.4364	0.0099
径级为 5.0～10.0 mm 的植物根系的根长密度	0.4483	0.0364	0.4418	0.1504	0.4072	0.0168
径级为>10.0 mm 的植物根系的根长密度	0.2277	0.3082	0.7082	0.0099	0.4058	0.0173

综合分析，在 25 mm 和 60 mm 入渗水量条件下，土壤深度、非毛管孔隙度和砂粒含量等环境因子与染色面积比成负相关，其余环境因子与染色面积比成正相关。选取的各环境因子均对优先流的发生和发展有一定程度的影响，其中土壤深度、土壤有机质含量、根重密度、根孔数量、径级为 2.5～5.0 mm 的植物根系的根长密度、径级为 5.0～10.0 mm 的植物根系的根长密度和径级为>10.0 mm 的植物根系的根长密度等环境因子与染色面积比显著（或极显著）相关（$P<0.05$ 或 $P<0.01$），而其他环境因子与染色面积比的相关性程度均较低。这说明在柳树样地中影响优先流形成的主要因素为土壤有机质含量和植物根系两大类因素。这与国内一些学者在优先流的研究中得到的植被状况是影响优先流形成的主要因素的结论相一致。

6.3.2 荆条样地不同环境因子与土壤染色面积比的关系

本研究分别对荆条样地植物根系、土壤性质等优先流形成的内部因素，以及土壤含水量、入渗水量等优先流形成的外部因素进行分析，荆条样地环境因子与染色面积比的 Spearman 相关性分析见表 6-10。

在 25 mm 入渗水量条件下，土壤深度、总孔隙度、毛管孔隙度、非毛管孔隙度、最大持水量、最小持水量、田间持水量、土壤质量含水量、土壤容重、砂粒含量、径级为 5.0～10.0 mm 的植物根系的根长密度和径级为>10.0 mm 的植物根系的根长密度等环境因子与染色面积比成负相关，其余环境因子与染色面积比成正相关。选取的各环境因子对优先流的发生和发展均有一定程度的影响，其中土壤深度、根重密度、根孔数量、黏粒含量、粉粒含量、径级为≤1.0 mm 的植物根系的根长密度和径级为 1.0～2.5 mm 的植物根系的根长密度等环境因子与染色面积比显著（或极显著）相关（$P<0.05$ 或 $P<0.01$），而其他环境因子与土壤染色形态相关性程度均较低。

在 60 mm 入渗水量条件下，土壤深度、总孔隙度、毛管孔隙度、非毛管孔隙度、最大持水量、最小持水量、田间持水量和土壤质量含水量等环境因子与染色面积比成负相关，其余环境因子与染色面积比成正相关。选取的各环境因子对优先流的发生和发展均有一定程度的影响，其中土壤深度、毛管孔隙度、最大持水量、土壤质量含水量、根重密度、根孔数量、径级为≤1.0 mm 的植物根系的根长密度、径级为 1.0～2.5 mm 的植物根系的根长密度、径级为 2.5～5.0 mm 的植物根系的根长密度、径级为 5.0～10.0 mm 的植物根系的根长密度和径级为>10.0 mm 的植物根系的根长密度等环境因子与染色面积比均显著（或极显著）相关（$P<0.05$ 或 $P<0.01$），而其他环境因子与染色面积比的相关性程度均较低。说明入渗水量的增加加大了部分环境因子对优先流形成的影响，对优先流的形成和发展有积极的作用。这与柳树样地的分析结果相一致。

综合分析，在 25 mm 和 60 mm 入渗水量条件下，各环境因子对优先流的形成均有一定程度的影响，其中土壤深度、根重密度、根孔数量、黏粒含量、粉粒含量、径级为≤1.0 mm 的植物根系的根长密度、径级为 1.0～2.5 mm 的植物根系的根长密度和径级为 2.5～5.0 mm 的植物根系的根长密度等环境因子与染色面积比均显著（或极显著）相关（$P<0.05$ 或 $P<0.01$），而其他环境因子与染色面积比的相关性程度较低。说明在荆条样地中影响优先流形成的主要因素为土壤机械组成和植物根系两大类因素。

表6—10 荆条样地环境因子与染色面积比的 Spearman 相关性分析

环境因子	25 mm 入渗水量条件		60 mm 入渗水量条件		综合	
	相关系数	显著性检验	相关系数	显著性检验	相关系数	显著性检验
土壤深度	-0.7379	0.0005	-0.9000	0.0004	-0.6003	0.0007
总孔隙度	-0.0622	0.8063	-0.2462	0.4929	-0.1804	0.3582
毛管孔隙度	-0.1866	0.4584	-0.3693	0.2936	-0.1761	0.3702
非毛管孔隙度	0.2074	0.4090	-0.1477	0.6838	-0.1026	0.6035
最大持水量	-0.1203	0.6345	-0.6893	0.0274	-0.3647	0.0563
最小持水量	-0.1659	0.5106	-0.5170	0.1260	-0.2638	0.1749
田间持水量	-0.1617	0.5214	-0.3447	0.3294	-0.2430	0.2128
土壤质量含水量	-0.0415	0.8702	-0.6647	0.0360	-0.1497	0.4470
土壤容重	-0.1617	0.5214	0.3087	0.3855	0.0675	0.7330
土壤有机质含量	0.4606	0.0544	0.3200	0.3673	0.3067	0.1124
根重密度	0.7055	0.0011	0.8396	0.0024	0.6039	0.0007
根孔数量	0.5040	0.0330	0.8370	0.0025	0.4932	0.0077
黏粒含量	0.6677	0.0025	0.4939	0.1468	0.5508	0.0024
粉粒含量	0.6929	0.0014	0.4939	0.1468	0.5630	0.0018
砂粒含量	-0.6803	0.0019	0.4692	0.1713	-0.1604	0.4149
径级为≤1.0 mm 的植物根系的根长密度	0.6043	0.0079	0.8138	0.0042	0.5992	0.0008
径级为 1.0~2.5 mm 的植物根系的根长密度	0.5940	0.0093	0.8166	0.0039	0.6455	0.0002
径级为 2.5~5.0 mm 的植物根系的根长密度	0.1939	0.4406	0.8581	0.0015	0.4694	0.0117
径级为 5.0~10.0 mm 的植物根系的根长密度	-0.0212	0.9335	0.8166	0.0039	0.3724	0.0510
径级为>10.0 mm 的植物根系的根长密度	-0.2247	0.3699	0.7290	0.0168	0.2946	0.1280

6.3.3 狗尾草样地不同环境因子与土壤染色面积比的关系

本研究分别对狗尾草样地植物根系、土壤理化性质等优先流形成的内部因素，以及土壤含水量、入渗水量等优先流形成的外部因素进行分析，狗尾草样地环境因子与染色面积比的 Spearman 相关性分析见表 6-11。

在 25 mm 入渗水量条件下，土壤深度、最小持水量、田间持水量、根重密度、砂粒含量和径级为 5.0~10.0 mm 的植物根系的根长密度等环境因子与染色面积比成负相关，而其余环境因子则与染色面积比成正相关。其中土壤深度、土壤有机质含量、根孔数量、黏粒含量和径级为 ≤1.0 mm 的植物根系的根长密度均与染色面积比显著（或极显著）相关（$P < 0.05$ 或 $P < 0.01$）。

在 60 mm 入渗水量条件下，土壤深度、总孔隙度、毛管孔隙度、非毛管孔隙度、最大持水量、最小持水量、田间持水量、土壤质量含水量、土壤容重、砂粒含量、径级为 1.0~2.5 mm 的植物根系的根长密度和径级为 5.0~10.0 mm 的植物根系的根长密度等环境因子与染色面积比成负相关，而其余环境因子则与染色面积比成正相关。其中土壤深度、土壤有机质含量、根孔数量、黏粒含量和粉粒含量与染色面积比均显著（或极显著）相关（$P < 0.05$ 或 $P < 0.01$），其他环境因子与染色面积比之间相关性均较低。这说明狗尾草样地中入渗水量的增加使得部分环境因子对土壤优先流形成的影响由正相关转变为负相关，但与染色面积比之间的相关性较低。

表6-11 狗尾草样地环境因子与染色面积比的 Spearman 相关性分析

环境因子	25 mm 入渗水量条件		60 mm 入渗水量条件		综合	
	相关系数	显著性检验	相关系数	显著性检验	相关系数	显著性检验
土壤深度	-0.9487	<0.0001	-1.0000	<0.0001	-0.9164	<0.0001
总孔隙度	0.1621	0.5205	-0.3334	0.3466	-0.022	0.9115
毛管孔隙度	0.1205	0.6338	-0.4321	0.2123	-0.066	0.7387
非毛管孔隙度	0.0790	0.7555	-0.2593	0.4694	-0.0627	0.7513
最大持水量	0.0665	0.7932	-0.2840	0.4265	-0.0682	0.7303
最小持水量	-0.0455	0.8571	-0.3581	0.3097	-0.1265	0.5213
田间持水量	-0.0166	0.9478	-0.3581	0.3097	-0.1155	0.5584
土壤质量含水量	0.3283	0.1835	-0.0370	0.9191	0.2376	0.2235
土壤容重	0.0748	0.7680	-0.4815	0.1588	-0.0836	0.6724
土壤有机质含量	0.7107	0.0009	0.7408	0.0142	0.7108	<0.0001
根重密度	-0.0575	0.8206	0.6050	0.0639	0.1205	0.5413
根孔数量	0.9071	<0.0001	0.9601	<0.0001	0.1137	0.5645
黏粒含量	0.6803	0.0019	0.7161	0.0198	0.6990	<0.0001
粉粒含量	0.4536	0.0587	0.6401	0.0462	0.5187	0.0047
砂粒含量	-0.3402	0.1672	-0.6155	0.0582	-0.4479	0.0168
径级为≤1.0 mm 的植物根系的根长密度	0.5311	0.0233	0.2954	0.4073	0.4708	0.0115
径级为1.0~2.5 mm 的植物根系的根长密度	0.3669	0.1342	-0.2492	0.4874	0.1590	0.4191
径级为2.5~5.0 mm 的植物根系的根长密度	0.0304	0.9048	0.0748	0.8374	0.0894	0.6511
径级为5.0~10.0 mm 的植物根系的根长密度	-0.2813	0.2573	-0.6096	0.0613	-0.4499	0.0163
径级为>10.0 mm 的植物根系的根长密度	0	1.0000	0	1.0000	-0.0716	0.7173

综合分析，在 25 mm 和 60 mm 入渗水量条件下，土壤深度、总孔隙度、毛管孔隙度、非毛管孔隙度、最大持水量、最小持水量、田间持水量、土壤容重、砂粒含量、径级为 5.0~10.0 mm 的植物根系的根长密度和径级为 >10.0 mm 的植物根系的根长密度等环境因子与染色面积比成负相关，其余环境因子则成正相关。结果表明，土壤深度、土壤有机质含量、黏粒含量、粉粒含量、砂粒含量、径级为 ≤1.0 mm 的植物根系的根长密度和径级为 5.0~10.0 mm 的植物根系的根长密度均与染色面积比显著（或极显著）相关（$P<0.05$ 或 $P<0.01$），而其他环境因子与染色面积比相关性相对较低。这说明在狗尾草样地中影响优先流形成的主要因素为土壤基本理化性质和植物根系等因素。

6.3.4 基于主成分分析的优先流形成影响因素

通过 Spearman 相关性分析可知，不同环境因子均对优先流的发生和发展有着不同程度的影响。为进一步研究与染色面积比相关性较强的不同环境因子对优先流的影响，本研究以相关系数大于 0.1（显著性系数小于 0.4）为标准（王伟，2011；陈晓冰，2016），筛选出土壤深度、非毛管孔隙度、最大持水量、土壤质量含水量、土壤有机质含量、根重密度、根孔数量、黏粒含量、粉粒含量、砂粒含量、入渗水量、径级为 ≤1.0 mm 的植物根系的根长密度、径级为 1.0~2.5 mm 的植物根系的根长密度和径级为 2.5~5.0 mm 的植物根系的根长密度等 14 个环境因子进行优先流形成因素的主成分分析，其中三种典型植被类型优先流形成影响因素的主成分矩阵见表 6-12。

表 6-12 三种典型植被类型优先流形成影响因素的主成分矩阵

环境因子	主成分得分			
	1	2	3	4
土壤深度	−0.64225	0.56501	0.18208	−0.02019
非毛管孔隙度	0.30179	0.72628	0.02213	−0.13548
最大持水量	0.52584	0.77881	0.01670	−0.08811
土壤质量含水量	0.53633	0.63512	0.14161	0.05809
土壤有机质含量	0.73298	0.07814	−0.05322	0.22564
根重密度	0.79679	−0.29149	−0.22283	0.18585
根孔数量	0.84406	−0.27372	−0.01789	0.10768

续表6-12

环境因子	主成分得分			
	1	2	3	4
黏粒含量	0.60142	−0.23752	0.64186	−0.28901
粉粒含量	0.70172	−0.24243	0.49785	−0.29171
砂粒含量	0.02269	−0.19346	−0.49898	−0.42512
入渗水量	−0.33420	0.22600	0.21523	0.55562
径级为≤1.0 mm 的植物根系的根长密度	0.56047	−0.29033	−0.04493	0.43276
径级为 1.0～2.5 mm 的植物根系的根长密度	0.72868	0.26796	−0.31070	0.08618
径级为 2.5～5.0 mm 的植物根系的根长密度	0.50638	0.31577	−0.28311	−0.17872

由表6-12可知，影响三种典型植被类型优先流形成的因素可分为4个主成分（主成分得分取值原则：取大），对应的特征值均大于1且累计贡献率为70.36%。因此通过分析获得的4个主成分可以代表14个指标来解释优先流形成的影响因素。第1主成分包括土壤深度、土壤有机质含量、根重密度、根孔数量、径级为≤1.0 mm 的植物根系的根长密度、径级为 1.0～2.5 mm 的植物根系的根长密度和径级为 2.5～5.0 mm 的植物根系的根长密度，为植物根系状况因素，是三种典型植被类型优先流形成的主要影响因素，其贡献率为35.86%；第2主成分包括非毛管孔隙度、最大持水量和土壤质量含水量，为土壤水分状况因素，其贡献率为17.73%；第3主成分包括黏粒含量、粉粒含量和砂粒含量，反映了土壤机械组成（土壤质地）状况，为土壤类型因素，其贡献率为8.86%；第4主成分是入渗水量，为外部降水因素，其贡献率为7.91%。

综上所述，永定河平原南部三种典型植被土壤优先流的形成主要受植物根系状况、土壤水分状况、土壤类型以及外部降水4个方面因素的影响，其中植物根系状况和土壤水分状况对研究样地优先流形成的影响程度最大，累计贡献率为53.59%，在一定程度上反映出植物根系状况以及土壤水分状况直接影响着优先流的发生和发展。这与王伟（2011）和陈晓冰（2016）在三峡库区紫色岩林地和4种土地利用类型优先流形成因素相似，即植物根系状况与土壤水分状况是影响优先流形成和发展的主要因素。

6.4　小结

　　优先流的形成受到诸多因素的影响，本章通过对研究区内三种典型植被类型土壤染色区和未染色区的土壤理化性质和植物状况等因素进行系统分析，来揭示永定河平原南部三种典型植被土壤优先流形成的主要影响因素。

　　（1）三种典型植被类型样地在相同土壤深度下土壤容重表现为未染色区低于染色区；染色区土壤容重随土壤深度的增加变化不明显，而未染色区的土壤容重均表现为随土壤深度的增加而增大，且最大值出现在土壤中部土层。在0～60 cm土壤深度范围内，染色区土壤容重总体表现为荆条样地最大，狗尾草样地次之，而柳树样地最小。这说明柳树样地的优先流相比荆条样地和狗尾草样地更容易发生。

　　（2）在相同土壤深度下土壤质量含水量表现为染色区高于未染色区，但显著性差异不明显（$P > 0.05$）。柳树样地和狗尾草样地的土壤质量含水量随土壤深度的增加而降低，染色区和未染色区土壤质量含水量均表现为表层显著高于底层（$P < 0.05$），总体表现为受浅层植物根系的影响，在0～20 cm土壤深度范围内的土壤质量含水量高、绝对差值较大，在深层土壤中绝对差值较小。荆条样地的土壤质量含水量表现为浅层土壤质量含水量低于底层，主要是因为荆条样地在野外染色试验时发现土壤剖面中存在植物主根系，其加快了浅层土壤水分运移至深层土壤。

　　（3）三种典型植被类型样地在植物根系生长发育相对集中的0～20 cm土壤深度范围的染色区的土壤孔隙度显著高于未染色区的土壤孔隙度。柳树样地的土壤染色区和未染色区的土壤孔隙度随土壤深度的增加而降低，土壤结构表现为较强的空间变异性；荆条样地和狗尾草样地土壤染色区土壤孔隙度随土壤深度的增加变化不显著。

　　（4）对于同一植被类型来说，随土壤深度的增加，土壤机械组成在染色区和未染色区表现出明显的差异性（$P < 0.05$），且在染色区内黏粒含量和粉粒含量均表现出随土壤深度的增加总体成先减少再增加的趋势，即植物根系的生长发育提高了土壤有机质含量，有利于土壤团聚体的形成，以形成连通的孔隙结构，同时也促进了优先流的发生和发展。

　　（5）三种典型植被类型样地中染色区和未染色区的土壤有机质含量均随土壤深度的增加而减少，在0～60 cm土壤深度范围内各土层之间总体上表现为差异性显著（$P<0.05$）。柳树样地、荆条样地和狗尾草样地的深度为 0～10 cm 土层的染色区和未染色区的土壤有机质含量分别是最底层土壤的 3.87、1.65，3.27、2.02，2.25、1.98 倍，说明土壤有机质含量集中分布在土壤浅层。

（6）对于同一植被类型而言，不同径级的植物根系在染色区和未染色区内的根长密度随土壤深度的增加而降低，而在同一土壤深度范围内表现为染色区植物根长密度大于未染色区植物根长密度，且三种典型植被类型根长密度总量在 0～60 cm 土壤深度范围内表现为柳树样地＞荆条样地＞狗尾草样地，其中各植被类型染色区中径级为≤5.0 mm 的植物根系的根长密度显著大于未染色区对应径级植物根系的根长密度。

（7）三种典型植被类型中植物根重密度在染色区和未染色区中均随土壤深度的增加而降低，且差异性也随土壤深度的增加而逐渐增强（$P<0.05$）。柳树样地、荆条样地和狗尾草样地的植物根重密度最大值分别出现在 0～30 cm 土壤深度范围、0～20 cm 土壤深度范围和 0～10 cm 土壤深度范围中，在深层土壤中植物根重密度最小。这反映出三种典型植被类型土壤根系分布的空间差异较大，说明了植物根系的生长发育对优先流的形成具有积极影响。

（8）三种典型植被类型样地中，随着土壤深度的增加植物根孔数量逐渐降低，根孔数量最大值集中出现在浅层植物根系生长密集位置，是深层土壤中根孔数量的 2～10 倍，反映出优先流在浅层土壤中更发育。

（9）通过 Spearman 相关分析筛选出土壤深度、非毛管孔隙度、最大持水量、土壤质量含水量、土壤有机质含量、根重密度、根孔数量、黏粒含量、粉粒含量、砂粒含量、入渗水量、径级为≤1.0 mm 的植物根系的根长密度、径级为 1.0～2.5 mm 的植物根系的根长密度和径级为 2.5～5.0 mm 的植物根系的根长密度等 14 个环境因子进行主成分分析得出：第 1 主成分包括土壤深度、土壤有机质含量、根重密度、根孔数量、径级为≤1.0 mm 的植物根系的根长密度、径级为 1.0～2.5 mm 的植物根系的根长密度和径级为 2.5～5.0 mm 的植物根系的根长密度，为植物根系状况因素，其贡献率为 35.86%；第 2 主成分包括非毛管孔隙度、最大持水量和土壤质量含水量，为土壤水分状况因素，其贡献率为 17.73%；第 3 主成分包括黏粒含量、粉粒含量和砂粒含量，为土壤类型因素，其贡献率为 8.86%；第 4 主成分是入渗水量，为外部降水因素，其贡献率为 7.91%。

研究区内优先流的形成主要受植物生长发育的影响，植物根系的生长发育影响了土壤的理化性质，从而改善和提高了土壤的结构状况，对优先流的形成和发展起到了促进作用。由于各样地中植被的生长发育状况不同，因此对优先流的影响程度也不尽相同，存在一定的差异性。

7 河岸带植被发育土体根—土环隙
导流及其影响

降水入渗过程是大气水和土壤水之间进行水分循环的重要一环（张洪江等，2010）。有学者经研究发现，在植被发育斜坡非饱和带土体中存在明显的优先流现象，且主要优先路径为根—土间隙、根—土环隙的土壤大孔隙，在土壤水分入渗过程中占主导作用（曾强，2016；张家明等，2019）。根—土环隙的形成机制不同于根—土间隙，除受到活根生长发育过程穿插原有土壤孔隙结构或挤压其周围土体、活根与土壤间进行水分交换导致周围土体的干湿交替过程等影响，还与根系腐烂过程有一定的相关性，表现为在根系腐烂过程中木质部优先于根皮，导致土体挤压根系造成根皮裂隙（曾强，2016）。

研究发现，在永定河河岸带三种典型植被类型土壤野外染色示踪试验中模拟大雨（25 mm）和暴雨（60 mm）入渗水量条件下，样地土壤中存在明显的优先流现象，且通过野外观察和对优先流影响因素的分析时发现，植物根系状况因素（主要包括土壤有机质含量和不同径级植物根系等）是三种典型植被类型土壤优先流形成的主要因素，土壤水分入渗过程中有着明显的根—土环隙导流现象，且鲜有相关研究报道。因此，为了丰富和完善优先流的研究对象以及优先路径类型，扩大根—土环隙导流的研究范围，揭示在大雨（25 mm）入渗水量条件下三种典型植被类型土壤根—土环隙导流特性，本章基于部分学者既有的研究理论，运用套管数学模型，对三种典型植被类型土壤的根—土环隙导流对优先流的影响进行研究。

7.1 根—土环隙导流概念模型的提出

有研究人员在 MeiMei 流域河岸剖面中发现由根系扩展产生的管状大孔隙的孔径范围是 3.0～100.0 mm（McDonnell，1990）。研究人员在野外染色试验中发现，染料主要集中在活根和死亡腐烂根系周围，表明根系通道是主要的土壤水分运移通道（Noguchi 等，1997）。近年来，国内一些研究人员提出了根—土间隙、根—土环隙导流的概念，并基于 CT 扫描数据对根—土环隙概念模型进行了一些研究（王帮团，2015）。研究发现，根系表皮并未完全染色，染色过程成不连续且聚集状分布，说明根—土间大孔隙的形成与根系和土体的性质相关，且与其他类型大孔隙连通性也有一定的联系（曾强，2016）。我们也在研究中发现，植物根系因素是三种典型植被类型优先流形成的主要因素，其主成分贡献率为 35.86%，且在土壤根系集中生长区域优先流现象更加明显。这说明植物根系对优先流的发生有着积极的影响。

　　研究人员以往在构建优先流概念模型时主要是基于不同孔隙介质（域）和土壤介质（域）来划分的，且多把根系介质和土壤介质视为一类（曾强，2016）。本研究主要参照既有研究结果，假设植物根系均沿土壤垂直方向向下生长发育，且根系直径沿程不变，土壤水分在植物根系周围全面覆盖，根—土环隙和土壤基质域间无水分交换运动发生，且土壤水分在根—土环隙和土壤基质域中均垂直向下运动。根—土环隙概念模型如图 7-1 所示。

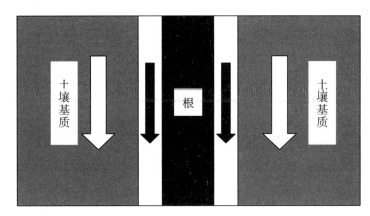

图 7-1　根—土环隙概念模型

注：图中箭头方向均表示水流运动方向。

7.2　根—土环隙导流特性

　　本节就根—土环隙流道模型提出相应的基本假设，通过对根—土环隙流道模型进行构建、推导和优化，为河岸带三种典型植被类型土体中根—土环隙对降水入渗过程的影响提供一定参考。

7.2.1　模型的基本假设

　　对模型进行条件假设是数学建模最重要的环节之一（王帮团，2015）。本研究将根—土环隙流道模型假设成圆形双套管模型，但实际上两者并不完全相同，为了计算方便现提出几点基本假设：①土壤基质和植物根系间不进行土壤水分交换运动；②植物根系的大小不随土壤深度的加深而产生变化，是一个定值；③水分仅沿环隙流道作轴向层流运动，不发生侧向和水分交换运动；④土壤入渗水分是纯水，为不可压牛顿流体；⑤土体为二分之一无限空间体，即在相同质地土体的上下方向均为无限延伸的。因此，根—土环隙相当于在圆管内部插入一根直径不变且不进行水分交换的根系，根—土环隙流道模型如图 7-2 所示。根—土环隙的试验段可以采用两根同心圆管组装而成，环形流道的外管内壁是指根系外部的土壤介质接触面，内管外壁表示植物根系表皮，并忽略水分在土壤基质中的径向流动以及植物根系与土壤环境进行水分交换的情况。为提高试验结果的准确性，应使根—土环形流道任意截面均为同心圆（王帮团等，2015）。

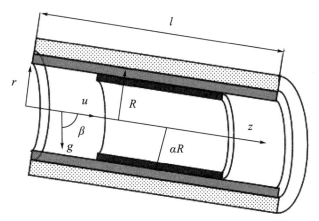

R—外径（管道内壁到流道环隙中心的距离）；r—圆管半径；l—流道长度；
u—在圆管半径为 r 时土壤水分和溶质的流速；g—重力加速度；
β—垂直向下的重力方向与流速 z 的夹角

图 7-2　根—土环隙流道模型

7.2.2　根—土环隙流道速度分布

　　水分流动特性主要由流速、管道直径（流道定型尺寸）和液体黏滞性三个因素决定（曾强，2016）。雷诺数是一种可用来表征流体流动情况的无量纲量。当传输圆管流体取值雷诺数时，一般取圆管的定型尺寸为管道直径，水力半径的 1/4 为当量直径；对于任意截面形状的流道来说，水力半径值是截面面积与湿周之比。因此我们可以认为，对于任意截面形状的流道均可按此原则计算其当量直径。

我们通常把管道雷诺数 $R_e < 2000$ 时称为层流状态，是指在流体内部的各质点间的黏性占主导作用，流体在管道中以平行管道内壁有序流动为主；把雷诺数 $R_e > 4000$ 称为紊流（湍流）状态，流体运动以惯性力为主；将 $2000 \leqslant R_e \leqslant 4000$ 称为过渡状态。管道内流体的层流和紊流是有差异的，且二者均会影响流体的运动轨迹以及流速大小，从而影响管道内流体的平均流速与最大流速的比值大小。

圆管或套管沿程阻力损失一般采用达西—魏斯巴赫公式计算：

$$h_f = \lambda \frac{l}{d} \frac{u_m^2}{2g} \tag{7.1}$$

式中：h_f——试验设定的水头损失；

λ——沿程阻力系数；

l——管道长度（cm）；

d——管道直径（cm）；

$u_m^2/2g$——速度水头（cm）；

u_m——管道有效截面上的平均流速（cm/s）。

对于不同套管材料，沿程阻力系数的理论值与材料无关，因此该公式适用于任意管道内有层流或湍流的情况，亦可运用在根—土环隙导流的研究中（曾强，2016）。

对于做层流的流体，可用纳维—斯托克方程（Navier—Stokes equations，简称 N—S 方程）推导圆形管道流速公式（曾强，2016）：

$$\frac{du}{dr} = -\frac{r\Delta\rho'}{2\mu L} + \frac{A_1}{r\mu} \tag{7.2}$$

式中：u——与圆管半径 r 有关的流速（cm/s）；

$\Delta\rho'/L$——压力梯度（$\rho' = \rho - \rho gz\cos\beta$）；

ρ——管道内流体密度（g/cm³）；

μ——流体动力黏度（cm²/s）；

A_1——积分常数。

对式（7.2）进行积分运算得到

$$u = -\frac{r^2 \Delta \rho'}{4\mu L} + \frac{A_1}{\mu}\ln r + A_2 \qquad (7.3)$$

式中：A_2——积分常数。

设定圆管边界条件为

$$\frac{\mathrm{d}u}{\mathrm{d}r}\Big|_{r=0} = 0, \ u\Big|_{r=R} = 0 \qquad (7.4)$$

代入式（7.2）、式（7.3）得

$$u = \frac{R^2 \Delta \rho'}{4\mu L}\Big[1 - \Big(\frac{r}{R}\Big)^2\Big] \qquad (7.5)$$

因此，圆管流道最大流速可表示为

$$u_{\max} = \frac{R^2 \Delta \rho'}{4\mu L} \qquad (7.6)$$

圆管流道平均流速为

$$u_m = \frac{1}{\pi R^2}\int_0^R u^2 \pi r \mathrm{d}r = \frac{R^2 \Delta \rho'}{8\mu L} = \frac{u_{\max}}{2} \qquad (7.7)$$

圆管的体积流量可表示为

$$q_V = \pi R^2 u_m = \frac{\pi R^4 \Delta \rho'}{8\mu L} \qquad (7.8)$$

对于圆管内的层流流速公式边界条件为

$$u\Big|_{r=aR} = 0, \ u\Big|_{r=R} = 0 \qquad (7.9)$$

将圆管的边界条件 $r = aR$ 代入式（7.3）得到

$$A_1 = -\frac{R^2 \Delta \rho'(1-\alpha^2)}{4L \ln \alpha} \qquad (7.10)$$

$$A_2 = \frac{R^2 \Delta \rho'}{4\mu L}\Big[1 + (1-\alpha^2)\frac{\ln R}{\ln \alpha}\Big] \qquad (7.11)$$

从而得出圆管流速分布公式为

$$u = \frac{R^2 \Delta \rho'}{4 \mu L} \left[1 - \left(\frac{r}{R} \right)^2 + \frac{1 - \alpha^2}{\ln \left(\frac{1}{\alpha} \right)} \ln \left(\frac{r}{R} \right) \right] \tag{7.12}$$

当 $r = R_{sqrt} \left[(1 - \alpha^2) / 2\ln(1/\alpha) \right]$ 时，最大流速 u_{max} 可表示为

$$u_{max} = \frac{R^2 \Delta \rho'}{4 \mu L} \left\{ 1 - \frac{1 - \alpha^2}{2\ln \left(\frac{1}{\alpha} \right)} \left[1 - \ln \left(\frac{1 - \alpha^2}{2\ln \left(\frac{1}{\alpha} \right)} \right) \right] \right\} \tag{7.13}$$

圆管平均流速公式为

$$u_m = \frac{1}{\pi R^2 (1 - \alpha^2)} \int_{\alpha R}^{R} u^2 \pi r \, dr = \frac{R^2 \Delta \rho'}{8 \mu L} \left[(1 + \alpha^2) - \frac{1 - \alpha^2}{\ln \left(\frac{1}{\alpha} \right)} \right] \tag{7.14}$$

由式（7.12）和式（7.14）可导出：

$$\frac{u}{u_m} = 2 \frac{(R^2 - r^2) \ln \left(\frac{1}{\alpha} \right) + R^2 (1 - \alpha^2) \ln \left(\frac{r}{R} \right)}{R^2 \left[(1 + \alpha^2) \ln \left(\frac{1}{\alpha} \right) + \alpha^2 - 1 \right]} \tag{7.15}$$

圆形双套管体积流量方程为

$$q_V = \pi R^2 (1 - \alpha^2) u_m = \frac{\pi R^4 \Delta \rho'}{8 \mu L} \left[(1 - \alpha^4) - \frac{(1 - \alpha^2)^2}{\ln \left(\frac{1}{\alpha} \right)} \right] \tag{7.16}$$

当 $\alpha = 0$ 时，上述各圆形双套管公式均可表示为圆管公式，套管内水流以层流的形式流动。圆形双套管的水力当量直径为 D；流道的有效截面积为 A；湿周为套管内流体与固体的接触长度 L_T：

$$D = \frac{4A}{L_T} = \frac{4\pi R^2 (1 - \alpha^2)}{2\pi R (1 + \alpha)} = 2R(1 - \alpha) \tag{7.17}$$

根据雷诺数公式：

$$R_e = \frac{\rho u_m D}{\mu} \tag{7.18}$$

结合式（7.15）和式（7.18）得出流速 u 与雷诺数 R_e、环隙尺寸的关系式为

$$u = \frac{\mu R_e}{\rho R (1 - \alpha)} \frac{(R^2 - r^2) \ln \left(\frac{1}{\alpha} \right) + R^2 (1 - \alpha^2) \ln \left(\frac{r}{R} \right)}{R^2 \left[(1 + \alpha^2) \ln \left(\frac{1}{\alpha} \right) + \alpha^2 - 1 \right]} \tag{7.19}$$

7.2.3 根—土环隙导流特征参数的获取

优先路径是指发生优先流时土壤中水分和溶质优先运移的通道，不同于土壤基质流的运动特性（Petersen 等，2001）。在土壤中，由于植被生长发育而产生的根孔、裂隙，以及土壤生物活动而产生的孔洞等大孔隙结构，均为优先路径的重要表现形式，学者们定义以大孔隙为优先路径的土壤水分运移过程为大孔隙流（王伟，2011）。

当土壤中发生大孔隙流时，土壤水分的出流速率与土壤中优先路径数量成正相关（Bouma、Dekker，1978）。部分学者在研究林地和草地的土壤水分渗透性能时发现，通过测定一定时间间隔内近饱和土壤水分穿透流量的变化可得到水分穿透曲线，再结合 Poiseuille 方程和流量方程，即可求出土壤中优先路径孔径及其相应的数量（Radulovich 等，1989）。

土壤大孔隙的土水势（指相对于纯水自由水面，土壤水所具有的势能）一般在 0~5 kPa 范围内（Jarvis，2007），当土壤含水量达到田间持水量后，供水强度成了影响土壤水分运移速率的最主要因素（王伟，2011）。基于水分穿透曲线理论，将求取的土壤大孔隙管径视为圆形，依据 Poiseuille 方程建立穿透流量和大孔隙当量半径间的关系：

$$q = \frac{\pi r_d^4 \Delta p}{8\eta\tau L} \tag{7.20}$$

式中：q ——穿透流量（$cm^3 \cdot s^{-1}$）；

r_d ——大孔隙的当量半径（cm）；

Δp ——试验时设置的压力水头值（cm）；

η ——试验时水的黏滞系数，一般取 0.8（$g \cdot cm^{-1} \cdot s^{-1}$）；

τ ——水流实际路径的弯曲系数；

L ——土柱高度（cm）。

当出流量达到稳定状态时：

$$q = \frac{\pi r^2 \tau L}{t} \tag{7.21}$$

式中：t ——加水后第一次记录时间（s）。

结合式（7.20）和式（7.21），即可推出土壤大孔隙当量半径为

$$r_d = \tau L \sqrt{\frac{8\eta}{t\Delta p}} \qquad\qquad (7.22)$$

通过水分穿透曲线法观测并收集任意时间段内的排水量，利用式（7.22）即可算出与排水流量对应的土壤大孔隙的当量半径，按该当量半径以一定间隔划分出对应的大孔隙范围，再以平均值作为计算值进行相应大孔隙数量加权得到数量加权孔径，当间隔排水量为 q_e 时，利用式（7.23）即可求出大孔隙数量：

$$q_e = \frac{n\pi r^2 \tau L}{t} \qquad\qquad (7.23)$$

虽然可以通过水分穿透曲线法对土壤大孔隙的孔径分布以及相应大孔隙数量进行计算，但由于野外试验的研究尺度及人为误差的影响，计算结果与大孔隙的实际分布情况往往存在一定的差异（Allaire 等，2009）。

本研究使用水分穿透曲线法，在大雨（25 mm 入渗水量）条件下进行野外染色试验时采用分层法，即取 50 cm × 50 cm × 10 cm 土样测定土壤根系，并求出平均根径量。并认为通过水分穿透曲线法测定的大孔隙均为圆管状，且假定由水分穿透曲线法求出的优先路径均为根—土环隙，则圆管直径为根—土环隙的水力当量直径。利用前文推求的圆形双套管模型参数，可求出在25 mm 入渗水量条件下三种典型植被类型根—土环隙特征参数（表7-1）。从表7-1中可以看出，植物根径、内径、外径及环隙尺寸均随土壤深度的增加而变小。不同土壤深度范围根系尺寸相近时，环隙尺寸差异较大，说明根系尺寸并不是影响根—土环隙尺寸的唯一因素，这和曾强（2016）研究马卡山木本和草本土体根—土环隙尺寸得出的研究结果一致，即表现为三种典型植被类型的根系尺寸并非控制根—土环隙尺寸的唯一决定性因素。

表7-1 25 mm入渗水量条件下三种典型植被类型根—土环隙特征参数

样地编号	土层深度 (cm)	加权孔径 (mm)	稳渗速率 (ml·s⁻¹)	植物根径 (mm)	内径 (αR) (mm)	外径 (R) (mm)	环隙尺寸 (mm)	内外径比 (α)
W1	0~10	2.50	2.66	2.20	1.10	2.35	1.25	0.47
W2	10~20	2.10	1.98	1.80	0.90	1.95	1.05	0.46
W3	20~30	1.50	1.14	1.42	0.71	1.46	0.75	0.49
W4	30~40	1.14	0.61	0.98	0.49	1.06	0.57	0.46
V1	0~10	2.33	1.99	1.40	0.70	1.87	1.17	0.38
V2	10~20	1.86	1.11	1.00	0.50	1.43	0.93	0.35
V3	20~30	1.24	0.63	0.64	0.32	0.94	0.62	0.34
S1	0~10	1.43	2.55	1.21	0.61	1.32	0.71	0.46
S2	10~20	1.28	1.16	0.84	0.42	1.06	0.64	0.40
S3	20~30	1.13	0.93	0.44	0.22	0.79	0.57	0.28

注：表中W、V和S分别指柳树样地，荆条样地和狗尾草样地。

7.3 根—土环隙导流对降水入渗的贡献

将表 7-1 中的外径和内外径比带入式（7.15），并使用 JMP 2013 绘制根—土环隙流道流速分布，如图 7-3 所示。根—土环隙流道内流体和环隙管道面接触时流速为 0，是指根系表面和土体基质处流速为 0，即水分与模型接触时不流动。且在同一根—土环隙流道内，流速大小在根系和土体间表现为先增大后减小，流速的最大值出现在管道流体中间部位，总体呈抛物线。三种典型植被类型中均表现出根—土环隙流道 u/u_{m} 的最大值随着土壤深度的增加，根—土环隙流道半径变小。相同土壤深度范围内，柳树样地各土层的 r 值均大于荆条样地，且狗尾草样地的 r 值最小；在同一样地中，r 值随着土壤深度的增加而变小，主要是因为在不同植被类型中各土层植物根径大小不同，且对应的根—土环隙尺寸也不一样。这和郭丽丽等（2017）对马卡山木本和草本植被的根—土环隙导流特性的研究结论一致。

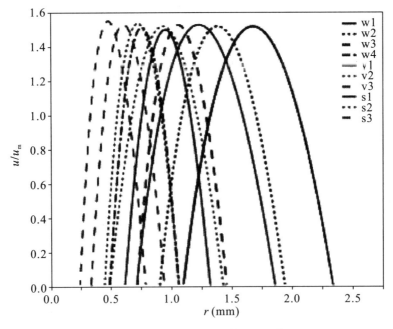

图 7-3 根—土环隙流道流速分布

由于不同土层的根系数量以及雷诺数存在一定的差异，我们可以假定观测样地中各雷诺数相同且均取值 1，来达到获取准确流量的目的（曾强，2016；

郭丽丽等，2017），并通过计算得到三种典型植被类型根—土环隙流道流量分布（表7-2）。根—土环隙导流的流量贡献率通常是指通过环隙流量模型理论而计算出来的值与流量实测稳渗速率值的比值，该值越大则说明根—土环隙导流在土壤优先入渗过程中所占优先路径的比例越高（曾强，2016）。

通过表7-2我们可以看出，三种典型植被类型根—土环隙模型求取的环隙套管流道平均流速、最大流速均随土壤深度的增加而增大，流速的最大值出现在底层土壤处；而套管体积流量（q_T）均表现出随土壤的深度增加而减小。这和曾强（2016）对马卡山木本和草本根—土环隙的研究结果一致。而柳树样地和荆条样地各土层中流速总体上表现为低于狗尾草样地，而流量则表现为柳树样地各土层均大于荆条样地和狗尾草样地，狗尾草样地的流量最小，说明三种典型植被类型中柳树样地的根—土环隙导流更发育，即优先流发育程度更高。柳树样地、荆条样地和狗尾草样地中根—土环隙导流贡献率的变化范围分别为41.22%～80.44%、40.88%～63.33%和23.95%～40.50%。

表7-2　根—土环隙流道流量分布

样地编号	土壤深度（cm）	雷诺数	流道平均流速（mm·s^{-1}）	流道最大流速（mm·s^{-1}）	套管体积流量（mL·s^{-1}）	流量贡献率（%）
W1	0～10	1	0.81	1.22	1.10	41.22
W2	10～20	1	0.96	1.45	0.90	45.58
W3	20～30	1	1.35	2.03	0.69	60.43
W4	30～40	1	1.77	2.68	0.49	80.44
V1	0～10	1	0.87	1.31	0.81	40.88
V2	10～20	1	1.09	1.65	0.61	55.20
V3	20～30	1	1.63	2.47	0.40	63.33
S1	0～10	1	1.41	2.13	0.61	23.95
S2	10～20	1	1.58	2.38	0.47	40.50
S3	20～30	1	1.79	2.73	0.32	34.12

流量贡献率总体表现出随土壤深度的增大而增大，且在相同土层中柳树样地的流量贡献率高于荆条样地和狗尾草样地，狗尾草样地的流量贡献率最低。这也间接地证明了在三种典型植被类型土壤中，水分多以优先流的形式运动，且柳树样地的优先流更发育。

7.4 小结

笔者根据既有的根—土环隙导流理论（曾强，2016；张家明等，2019），结合现场染色入渗试验，构建出根—土环隙导流概念模型。通过实测土壤中根茎相关数值，结合水分穿透曲线和套管数学模型，推求出相应的根—土环隙特征参数，假定雷诺数取 1 时，对三种典型植被类型根—土环隙导流特征进行了研究。

在根—土环隙流道内，流速的最大值出现在管道流体中间部位，流速分布总体成抛物线状；三种典型植被类型均表现出根—土环隙流道 u/u_m 的最大值随着深度的增加，根—土除流道半径变小；相同土壤深度范围内，柳树样地各层的 r 值均大于荆条样地，且狗尾草样地的 r 值最小。

在三种典型植被类型中根—土环隙尺寸范围分别为 0.57～1.25 mm、0.62～1.17 mm 和 0.57～0.71 mm，表现为柳树样地的环隙尺寸最大，相应的流量值也最大；流速值则反之。柳树样地、荆条样地和狗尾草样地中根—土环隙导流贡献率的变化范围分别为 41.22%～80.44%、40.88%～63.33% 和 23.95%～40.50%，表现出随土壤深度的增加而增大，且在相同土层中柳树样地的流量贡献率显著高于荆条样地和狗尾草样地，狗尾草样地的流量贡献率最低，说明在三种典型植被类型土壤中水分多以优先流的形式运动，且柳树样地的根—土环隙导流更发育，即优先流更发育。

8 结论、创新点与展望

本研究基于 25 mm 和 60 mm 入渗水量条件，采用亮蓝染色示踪试验，对永定河平原南部河岸带三种典型植被类型土壤优先流及根—土环隙流特征进行了系统研究，为以后对根—土环隙大孔隙类优先流的研究提供一定的理论基础和支持，对指导永定河有效开展水资源的管理和保护以及生态环境恢复具有一定的实践意义。

8.1 结论

本研究对永定河平原南部三种典型植被类型的优先流及根—土环隙流进行了系统研究，主要研究结论如下：

（1）三种典型植被类型样地土壤垂直剖面中垂直和水平方向上的染色形态空间差异较大，且大小受入渗水量的影响。在相同入渗水量条件下，不同植被类型样地优先流的发生和发展程度不同。其中柳树样地最早发生优先流现象，优先流染色形态分化程度最高，优先流现象最明显；狗尾草样地表现相反，优先流现象最不明显。在土壤垂直染色剖面中，三种典型植被类型土壤染色面积比与土壤深度之间成线性关系，即染色面积比随土壤深度的增加而降低。入渗水量的增加使土壤水分入渗深度整体下移，即 60 mm 入渗水量条件下土壤基质流更加明显，供水势能的提高使得土壤更易发生优先流现象。在土壤垂直剖面的水平方向上，柳树样地染色面积比的分布多表现为双峰型和多峰型，荆条样地染色面积比的分布表现为以双峰型和单峰型为主，狗尾草样地染色面积比的分布多为均匀型，并伴有少量的单峰型分布。在相同入渗水量条件下，三种典型植被类型优先流染色形态变化趋势相同，均表现为表层土壤染色形态变化较稳定，深层土壤染色形态变化剧烈，优先流现象明显。随着入渗水量的增加，土壤水分运动整体下移，加深了土壤水流形态分化界面深度，即深度为 0~20 cm 的土层染色形态表现相对稳定。

（2）在三种典型植被类型中，径级为≤1.0 mm 和 1.0～2.5 mm 的优先路径数量最多，径级为 2.5～5.0 mm 和 5.0～10.0 mm 的优先路径数量最少；柳树样地优先路径数量最多，荆条样地次之，狗尾草样地最少。在空间尺度（$r=100$ mm）内，三种典型植被类型的优先路径在土壤空间中整体成聚集分布状态，而荆条样地和狗尾草样地优先路径也伴随着随机分布和均匀分布状态，随着入渗水量的提高，不同植被类型优先路径的水平空间分布情况更复杂。随着土壤孔径分布范围的增大，在柳树样地和荆条样地中不同径级优先路径之间空间关联性逐渐降低，而狗尾草样地的变化趋势则相反。相邻较小孔径之间的优先路径在土壤空间中的分布和形成相互影响。入渗水量的增加促进相邻径级优先路径的正函数关系，对土壤优先路径的连通性和导水性有促进作用。施用 25 mm 入渗水量时，在 0～30 cm 的土壤深度范围三种典型植被类型样地总体表现为植物根系和优先路径之间显著的正关联，而在＞30 cm 的土壤深度范围内由于根系的减少，二者之间的空间关联性逐渐降低。而施用 60 mm 入渗水量时，各样地在 0～40 cm 土壤深度范围内表现出显著的正关联。

（3）外部因素和内部因素共同作用影响优先流的形成，通过 Spearman 相关分析筛选出土壤深度、非毛管孔隙度、最大持水量、土壤质量含水量、土壤有机质含量、根重密度、根孔数量、黏粒含量、粉粒含量、砂粒含量、入渗水量、径级为≤1.0 mm 的植物根系的根长密度、径级为 1.0～2.5 mm 的植物根系的根长密度和径级为 2.5～5.0 mm 的植物根系的根长密度进行主成分分析，得出第 1 主成分为植物根系状况因素（贡献率为 35.86%），第 2 主成分为土壤水分状况因素（贡献率为 17.73%），第 3 主成分为土壤类型因素（贡献率为 8.86%），第 4 主成分为外部降水因素（贡献率为 7.91%），它们影响着三种典型植被类型优先流的形成。

（4）在植被发育的优先流中，普遍存在根—土环隙导流现象，且对优先流中水分运移过程有着一定贡献。在根—土环隙流道内土壤水分运移时，流速的最大值出现在圆形双套管管道流体的中间部位，根系及环隙尺寸的差异使得流速的最大值发生空间变异。三种典型植被类型中环隙尺寸和流量值均随土壤深度的增加而降低，而平均流速、最大流速以及环隙贡献率均与土壤深度成正相关关系，且表现出在相同土层中柳树样地的流量贡献率显著高于荆条样地和狗尾草样地，狗尾草样地的流量贡献率最低。

8.2 创新点

8.2.1 应用景观生态学方法分析优先路径的空间分布特征

优先路径是土壤水分和溶质快速运移的大孔隙通道,其分布状况直接影响着优先流在土壤空间中的发育程度。目前对优先路径的研究多采用填充法和非侵入式扫描法等,本研究采用多元点格局 Ripley's $K(r)$ 函数,从景观生态学的角度分析优先路径空间分布格局,以及不同径级优先路径之间的空间关联性,丰富了优先流的分析方法。

8.2.2 应用数学套管模型研究根—土环隙导流特性

降水入渗是大气中地表水和地下水补排关系的重要环节。本研究在野外亮蓝染色示踪试验的基础上,采用土壤水分穿透曲线法求出土壤孔隙参数,并结合三域模型,提出模型的假设条件,运用数学双套管模型和纳维—斯托克方程,对永定河平原南部松砂土的根—土环隙优先流进行研究,并分析了其在研究区土壤优先运移过程中对土壤水分及溶质运移的影响及其贡献率。

8.3 展望

优先流水分运移过程复杂,具有明显的非均匀性和异质性,与其周围环境关系密切。河岸带优先流的发生表现出空间差异较大的特征。本研究以研究区的大雨和暴雨雨量为试验标准,采用亮蓝染色示踪法和水分穿透曲线法,利用图像解析、数理统计、空间点格局、多元点格局和建立数学模型等相关研究方法,对永定河平原南部河岸带三种典型植被类型(柳树、荆条和狗尾草)的优先流形态特征、优先路径的空间结构特征、不同径级优先路径的空间关联性、优先流发育程度、优先流形成的影响因素以及根—土环隙导流作用进行了系统研究。受野外现场试验条件的影响、外界环境以及试验设备的限制,本研究还存在以下两点不足,在今后的研究中应注意完善:

（1）本研究在亮蓝染色示踪试验后对土壤剖面进行挖掘，虽然试验后及时回填了剖面土壤，但是对土壤结构造成了一定扰动，给后续的优先流研究造成了一定程度的影响。因此，今后的研究应该采取低扰动式的试验设备和研究手段，以减小对土壤结构的扰动和破坏。

（2）本研究在提出根—土环隙导流概念模型时，仅考虑根—土环隙和土壤基质区域水分不进行水分交换运动，即各部分水分均可垂直向下流动。而在实际土壤水分入渗过程中，根—土环隙域与土壤基质域中土壤水分存在相互交换的运动形式，这也是最接近实际模拟的根—土环隙概念模型，应在今后的研究中采用。

参考文献

[1] 曹宏杰，焉志远，杨帆，等. 河岸缓冲带对氮磷污染消减机理及其影响因素研究进展 [J]. 国土与自然资源研究，2018，40（3）：46-50.

[2] 曹顺爱. 稻田土壤优先流及其对氮肥运移的影响研究 [D]. 杭州：浙江大学，2003.

[3] 曾强. 植被发育斜坡非饱和带优先流及根—土环隙流研究 [D]. 昆明：昆明理工大学，2016.

[4] 陈姣. 基于土箱模拟的花岗岩红壤优先流研究 [D]. 武汉：华中农业大学，2015.

[5] 陈晓冰. 重庆四面山四种土地利用类型土壤优先流特征研究 [D]. 北京：北京林业大学，2016.

[6] 陈晓冰，程金花，陈引珍，等. 基于林分空间结构分析方法的土壤大孔隙空间结构研究 [J]. 农业机械学报，2015，46（11）：174-186.

[7] 陈晓冰，张洪江，程金花，等. 基于染色图像变异性分析的优先流程度定量评价 [J]. 农业机械学报，2015，46（5）：93-100.

[8] 陈效民，黄德安，吴华山. 太湖地区主要水稻土的大孔隙特征及其影响因素研究 [J]. 土壤学报，2006，43（3）：509-512.

[9] 陈效民，吴华山，沃飞. 利用染色分析法确定农田土壤中硝态氮垂直运移的研究 [J]. 水土保持学报，2007，21（5）：21-24.

[10] 程金花. 长江三峡花岗岩区林地坡面优先流模型研究 [D]. 北京：北京林业大学，2005.

[11] 程竹华，张佳宝. 土壤中优势流现象的研究进展 [J]. 土壤，1998，30（6）：315-319，331.

[12] 崔东文. 支持向量机在水资源类综合评价中的应用——以全国31个省级行政区水资源合理性配置为例 [J]. 水资源保护，2013，29（5）：20-27.

[13] 戴翠婷，刘窑军，王天巍，等. 三峡库区高砾石含量紫色土优先流形态

特征 [J]. 水土保持学报，2017，31 (1)：103－108.

[14] 杜文正. 长江三峡森林土壤大孔隙特征及其优先流效应研究 [D]. 武汉：华中师范大学，2014.

[15] 冯杰，解河海，黄国如，等. 土壤大孔隙流机理及产汇流模型 [M]. 北京：科学出版社，2012.

[16] 冯杰，郝振纯. 土壤大孔隙流研究中分形几何的应用进展 [J]. 水文地质工程地质，2001 (3)：9－13.

[17] 高朝侠，徐学选，赵娇娜，等. 土壤大孔隙流研究现状与发展趋势 [J]. 生态学报，2014，34 (11)：2801－2811.

[18] 郭丽丽，曾强，徐则民，等. 马卡山不同植被群落斜坡土体中根土环隙导流特性 [J]. 土壤，2017，49 (1)：196－202.

[19] 何凡，张洪江，史玉虎. 长江三峡花岗岩地区降雨因子对优先流的影响 [J]. 农业工程学报，2005，21 (3)：75－78.

[20] 侯蕾. 北方水资源短缺流域生态——水文响应机制研究 [D]. 北京：中国水利水电科学研究院，2019.

[21] 李伟莉. 长白山北坡两种类型森林土壤的大孔隙特征 [J]. 应用生态学报，2007，18 (6)：1213－1218.

[22] 李伟莉，金昌杰，王安志. 土壤大孔隙流研究进展 [J]. 应用生态学报，2007，18 (4)：888－894.

[23] 李文凤，张晓平，梁爱珍，等. 不同耕作方式下黑土的渗透特性和优先流特征 [J]. 应用生态学报，2008，19 (7)：1506－1510.

[24] 李喜安. 黄土暗穴的成因及其公路工程灾害效应研究 [D]. 西安：长安大学，2004.

[25] 梁建宏，吴艳宏，周俊，等. 土壤类型对优先流路径和磷形态影响的定量评价 [J]. 农业机械学报，2017，48 (1)：220－227.

[26] 梁向锋，赵世伟，张扬，等. 子午岭植被恢复对土壤饱和导水率的影响 [J]. 生态学报，2009，29 (2)：636－642.

[27] 刘锦，李慧，方韬，等. 淮河中游北岸地区"四水"转化研究 [J]. 自然资源学报，2015，30 (9)：1570－1581.

[28] 刘亚平，陈川. 土壤非饱和带中的优先流 [J]. 水科学进展，1996，7 (1)：85－89.

[29] 骆紫藤，牛健植，孟晨，等. 华北土石山区森林土壤中石砾分布特征对土壤大孔隙及导水性质的影响 [J]. 水土保持学报，2016，30 (3)：

305－308.

[30] 吕金波. 简述北京永定河沿岸的地质背景 [J]. 城市地质，2012，7 (1)：4－7.

[31] 吕文星. 三峡库区三种土地利用方式优先流特征及其对硝态氮运移的影响 [D]. 北京：北京林业大学，2013.

[32] 吕文星，张洪江，吴煜禾，等. 基于点格局分析的林地表层土壤优先路径水平分布特征 [J]. 水土保持学报，2012，26 (6)：68－74.

[33] 牛健植. 长江上游暗针叶林生态系统优先流机理研究 [D]. 北京：北京林业大学，2003.

[34] 牛健植，余新晓. 优先流问题研究及其科学意义 [J]. 中国水土保持科学，2005，3 (3)：110－116，126.

[35] 牛健植，余新晓，张志强. 优先流研究现状及发展趋势 [J]. 生态学报，2006，26 (1)：231－243.

[36] 潘成忠，上官周平. 黄土区次降雨条件下林地径流和侵蚀产沙形成机制——以人工油松林和次生山杨林为例 [J]. 应用生态学报，2005，16 (9)：1597－1602.

[37] 潘网生，许玉凤，卢玉东，等. 基于非均匀性和分形维数的黄土优先流特征定量分析 [J]. 农业工程学报，2017，33 (3)：140－147.

[38] 秦耀东，任理，王济. 土壤中大孔隙流研究进展与现状 [J]. 水科学进展，2000，11 (2)：203－207.

[39] 区自清，贾良清，金海燕，等. 大孔隙和优先水流及其对污染物在土壤中迁移行为的影响 [J]. 土壤学报，1999，36 (3)：341－347.

[40] 盛丰，方妍. 土壤水非均匀流动的碘—淀粉染色示踪研究 [J]. 土壤，2012，44 (1)：144－148.

[41] 盛丰，王康，张仁铎，等. 土壤非均匀水流运动与溶质运移的两区—两阶段模型 [J]. 水利学报，2015，46 (4)：59－68，77.

[42] 盛丰，张利勇，吴丹. 土壤优先流模型理论与观测技术的研究进展 [J]. 农业工程学报，2016，32 (6)：1－10.

[43] 盛丰，张仁铎，刘会海. 土壤优先流运动的活动流场模型分形特征参数计算 [J]. 农业工程学报，2011，27 (3)：26－32.

[44] 石辉，陈凤琴，刘世荣. 岷江上游森林土壤大孔隙特征及其对水分出流速率的影响 [J]. 生态学报，2005，25 (3)：507－512.

[45] 时忠杰，王彦辉，徐丽宏，等. 六盘山森林土壤的石砾对土壤大孔隙特

征及出流速率的影响 [J]. 生态学报，2008（10）：4929－4939.

[46] 孙龙. 三峡库区紫色砂岩区柑橘地优先路径分布及其对溶质运移影响 [D]. 北京：北京林业大学，2013.

[47] 孙向阳. 土壤学 [M]. 北京：中国林业出版社，2005.

[48] 田香姣，程金花，杜士才，等. 重庆四面山草地土壤大孔隙的数量和形态特征研究 [J]. 水土保持学报，2014，28（2）：292－296.

[49] 王帮团. 植被发育斜坡土体中根—土间隙对降雨入渗的贡献 [D]. 昆明：昆明理工大学，2015.

[50] 王帮团，徐则民，王帮圆. 植被发育斜坡土体中根—土间隙的导流特性 [J]. 山地学报，2015，33（3）：257－267.

[51] 王大力，尹澄清. 植物根孔在土壤生态系统中的功能 [J]. 生态学报，2000，20（5）：869－874.

[52] 王康，张仁铎，周祖昊，等. 多孔介质中非均匀流动模式示踪试验与弥散限制聚合分形模拟的应用 [J]. 水利学报，2007，38（6）：690－696.

[53] 王庆成，崔东海，王新宇，等. 帽儿山地区不同类型河岸带土壤的反硝化效率 [J]. 应用生态学报，2007，18（12）：2681－2686.

[54] 王伟. 三峡库区紫色砂岩林地土壤优先流特征及其形成机理 [D]. 北京：北京林业大学，2011.

[55] 王伟，张洪江，程金花，等. 四面山阔叶林土壤大孔隙特征与优先流的关系 [J]. 应用生态学报，2010（5）：1217－1223.

[56] 王贤. 基于 CoupModel 的三峡库区四面山典型农林地水，热交换模拟研究 [D]. 北京：北京林业大学，2014.

[57] 王贤，张洪江，吕相海，等. 基于 CoupModel 的三峡库区典型农林地水量平衡模拟 [J]. 农业机械学报，2014，45（6）：140－149.

[58] 吴华山，陈效民，陈粲. 利用 CT 扫描技术对太湖地区主要水稻土中大孔隙的研究 [J]. 水土保持学报，2007，21（2）：175－178.

[59] 修晨，欧阳志云，郑华. 北京永定河—海河干流河岸带植物的区系分析 [J]. 生态学报，2014，34（6）：1535－1547.

[60] 徐宗恒. 植被发育斜坡非饱和带土体大孔隙研究 [D]. 昆明：昆明理工大学，2014.

[61] 徐宗恒，徐则民，官琦，等. 不同植被发育斜坡土体优先流特征 [J]. 山地学报，2012，30（5）：521－527.

[62] 徐宗恒，徐泽民，曹军尉，等. 土壤优先流研究现状与发展趋势 [J].

土壤，2012，44（6）：905-916.

[63] 姚晶晶. 重庆四面山集水区尺度土壤优先流特征及其对养分运移的影响 [D]. 北京：北京林业大学，2018.

[64] 易珍莲，梁杏，李福民，等. ERDAS 软件在土体微观结构研究中的应用 [J]. 水文地质工程地质，2007，34（1）：113-115.

[65] 詹良通，吴宏伟，包承纲，等. 降雨入渗条件下非饱和膨胀土边坡原位监测 [J]. 岩土力学，2003，24（2）：151-158.

[66] 张东旭. 鹤大高速公路三种典型填料边坡优先流特征研究 [D]. 北京：北京林业大学，2018.

[67] 张东旭，程金花，王伟，等. 基于 O-ring 统计的公路边坡土壤优先流路径分布分析 [J]. 农业工程学报，2017，4（4）：169-176.

[68] 张洪江. 长江三峡花岗岩地区优先流运动及其模拟 [M]. 北京：科学出版社，2006.

[69] 张洪江. 重庆四面山森林植物群落及其土壤保持与水文生态功能 [M]. 北京：科学出版社，2010.

[70] 张洪江，北原曜. 长江三峡花岗岩坡面管流实验研究 [J]. 北京林业大学学报，2000，22（5）：53-57.

[71] 张家发，张伟，朱国胜，等. 三峡工程永久船闸高边坡降雨入渗实验研究 [J]. 岩石力学与工程学报，1999（2）：19-23.

[72] 张家明，李峰，徐则民. 碘—淀粉显色试验研究植被发育斜坡非饱和带土体水流路径 [J]. 山地学报，2016，34（4）：401-408.

[73] 张家明，徐则民，李峰，等. 植被发育斜坡土体大孔隙结构多尺度特征 [J]. 山地学报，2019，37（5）：717-727.

[74] 张婧. 土壤入渗与优先流测量方法研究 [D]. 北京：中国农业大学，2017.

[75] 张欣. 重庆四面山农地土壤前期含水量对优先流及溶质优先运移的影响 [D]. 北京：北京林业大学，2015.

[76] 张英虎，牛健植，李娇，等. 石砾参数对土壤水流和溶质运移影响研究进展 [J]. 土壤，2014，46（4）：589-598.

[77] 张中彬，彭新华. 土壤裂隙及其优先流研究进展 [J]. 土壤学报，2015，52（3）：477-488.

[78] 周明耀，余长洪，钱晓晴. 基于孔隙分形维数的土壤大孔隙流水力特征参数研究 [J]. 水科学进展，2006，17（4）：466-470.

［79］朱蔚利. 林木细根和土壤特性对优先流运移的影响——以鹫峰国家森林公园为例［D］. 北京：北京林业大学，2012.

［80］Abdallah A，Masrouri F. A Two-Domain Model for Infiltration into Unsaturated Fine-Textured Soils［M］. Berlin：Springer Netherlands，2000.

［81］Aeby P，Forrer J，Flühler H，et al. Image analysis for determination of dye tracer concentrations in sand columns［J］. Soil Science Society of America，1997，61（1）：33-35.

［82］Allaire S E，Gupta S C，Nieber J，et al. Role of macropore continuity and tortuosity on solute transport in soils：1. Effects of initial and boundary conditions［J］. Journal of Contaminant Hydrology，2002，58（3-4）：299-321.

［83］Allaire S E，Roulier S，Cessna A J. Quantifying preferential flow in soils：A review of different techniques［J］. Journal of Hydrology，2009，378（1-2）：179-204.

［84］Beven K，Germann P. Macropores and water flow in soils［J］. Water Resources Research，1982，18（5）：1311-1325.

［85］Beven K J. Preferential flows and travel time distributions：defining adequate hypothesis tests for hydrological process models［J］. Hydrological Processes，2010，24（12）：1537-1547.

［86］Bouma J，Woesten J H M. Characterizing ponded infiltration in a dry cracked clay soil［J］. Journal of Hydrology，1984，69（4）：297-304.

［87］Bouma J. Soil morphology and preferential flow along macropores［J］. Agricultural Water Management，1981，3（4）：235-250.

［88］Bouma J. Hydropedology as a powerful tool for environmental policy research［J］. Geoderma，2006，131（3-4）：275-286.

［89］Bouma J，Dekker L W. A case study on infiltration into dry clay soil I. Morphological observations［J］. Geoderma，1978，20（1）：27-40.

［90］Bronick C J，Lal R. Soil structure and management：a review［J］. Geoderma，2005，124（1-2）：3-22.

［91］Dekker L W，Ritsema C J. Preferential flow paths in a water repellent clay soil with grass cover［J］. Water Resources Research，1996，32（5）：1239-1249.

[92] Doolittle J A, Jenkinson B, Hopkins D, et al. Hydropedological investigations with ground-penetrating radar (GPR): Estimating water-table depths and local ground-water flow pattern in areas of coarse-textured soils [J]. Geoderma, 2006, 131 (3-4): 317-329.

[93] Droogers P, Stein A, Bouma J, et al. Parameters for describing soil macroporosity derived from staining patters [J]. Geoderma, 1998, 83 (3): 293-308.

[94] Feyen J, Jacques D, Timmerman A, et al. Modelling water flow and solute transport in heterogeneous soils: A review of recent approaches [J]. Journal of Agricultural Engineering Research, 1998, 70 (3): 231-256.

[95] Flint A L, Flint L E, Bodvarsson G S, et al. Evolution of the conceptual model of unsaturated zone hydrology at Yucca Mountain, Nevada [J]. Journal of Hydrology, 2001, 247 (1): 1-30.

[96] Flury M, Flühler H. Modeling solute leaching in soils by diffusion-limited aggregation: basic concepts and application to conservative solutes [J]. Water Resources Research, 1995, 31 (10): 2443-2452.

[97] Flury M, Leuenberger J R, Studer B R, et al. Transport of anions and herbicides in a loamy and a sandy field soil [J]. Water Resources Research, 1995, 31 (4): 823-835.

[98] Forrer I, Kasteel R, Flury M, et al. Longitudinal and lateral dispersion in an unsaturated field soil [J]. Water Resources Research, 1999, 35 (10): 3049-3060.

[99] Freeland R S, Odhiambo L O, Tyner J S, et al. Nonintrusive mapping of Near-surface preferential flow [J]. Applied Engineering in Agriculture, 2006, 22 (2): 315-319.

[100] Fuchs J W, Fox G A, Storm D E, et al. Subsurface transport of phosphorus in riparian floodplains: Influence of preferential flow paths [J]. Journal of Environmental Quality, 2009, 38 (2): 473-484.

[101] Germán J, Flury M. Sorption of brilliant blue FCF in soils as affected by pH and ionic strength [J]. Geoderma, 2000, 97 (1): 87-101.

[102] Germann P F, Di Pietro L. Scales and dimensions of momentum dissipation during preferential flow in soils [J]. Water Resources

141

Research, 1999, 35 (5): 1443−1454.

[103] Hangen E, Gerke H H, Schaaf W, et al. Flow path visualization in a lignitic mine soil using iodine-starch staining [J]. Geoderma, 2004, 120 (2): 121−135.

[104] Harari Z. Ground-penetrating radar (GPR) for imaging stratigraphic features and groundwater in sand dunes [J]. Journal of Applied Geophysics, 1996, 36 (1): 43−52.

[105] Hardie, Cotching, Doyle, et al. Effect of antecedent soil moisture on preferential flow in a texture-contrast soil [J]. Journal of Hydrology, 2010, 398 (4): 191−201.

[106] Hill D E, Parlange J Y. Wetting front instability in layered soils [J]. Soil sci soc am proc, 1972, 36 (5): 697−702.

[107] Hrachowitz M, Savenije H, Bogaard T A, et al. What can flux tracking teach us about water age distribution patterns and their temporal dynamics? [J]. Hydrology and Earth System Sciences, 2013, 17 (2): 533−564.

[108] Kim Y J, Steenhuis T S, Nam K. Movement of Heavy Metals in Soil through Preferential Flow Paths under Different Rainfall Intensities [J]. CLEAN—Soil Air Water, 2008, 36 (12): 984−989.

[109] Kulli B, Stamm C, Papritz A, et al. Discrimination of flow regions on the basis of stained infiltration patterns in soil profiles [J]. Vadose Zone Journal, 2003, 2 (3): 338−348.

[110] Kung K J S, Donohue S V. Improved solute-sampling protocol in a sandy vadose zone using ground−penetrating radar [J]. Soil Science Society of America Journal, 1991, 55 (6): 1543−1545.

[111] Li Y, Ghodrati M. Preferential transport of solute through soil columns containing constructed macropores [J]. Soil Science Society of America Journal, 1995, 61 (5): 1308−1317.

[112] Lipiec J, Ku J, Sowińska A, et al. Soil porosity and water infiltration as influenced by tillage methods [J]. Soil & Tillage Research, 2006, 89 (2): 210−220.

[113] Liu H H, Zhang G, Bodvarsson G S. The active fracture model: Its relation to fractal flow patterns and a further evaluation using field

observations [J]. Vadose Zone Journal, 2003, 102 (2): 259—269.

[114] Logsdon S D. Transient variation in the infiltration rate during measurement with tension infiltrometers [J]. Soil Science, 1997, 162 (4): 233—241.

[115] Lu J, Wu L. Visualizingbromide and iodide water tracer in soil profiles by spray methods [J]. Journal of Environmental Quality, 2003, 32 (1): 363—367.

[116] Luxmoore R J, Jardine P M, Wilson G V, et al. Physical and chemical controls of preferred path flow through a forested hillslope [J]. Geoderma, 1990, 46 (1): 139—154.

[117] McDonnell J J. The influence of macropores on debris flow initiation [J]. Quarterly Journal of Engineering Geology and Hydrogeology, 1990, 23 (4): 325—331.

[118] Mcgarry D, Bridge B J, Radford B J. Contrasting soil physical properties after zero and traditional tillage of an alluvial soil in the semi-arid subtropics [J]. Soil & Tillage Research, 2000, 53 (2): 105 —115.

[119] Merdun H, Meral R, Demirkiran A R. Effect of the initial soil moisture content on the spatial distribution of the water retention [J]. Eurasian Soil Science, 2008, 41 (10): 1098—1106.

[120] Montagne D, Cornu S, Forestier L L. Soil drainage as an active agent of recent soil evolution: a review [J]. Pedosphere, 2009, 19 (1): 1— 13.

[121] Mooney S J, Morris C. Amorphological approach to understanding preferential flow using image analysis with dye tracers and X-ray Computed Tomography [J]. Catena, 2008, 73 (2): 204—211.

[122] Morris C, Mooney S J. A high-resolution system for the quantification of preferential flow in undisturbed soil using observations of tracers [J]. Geoderma, 2004, 118 (1): 133—143.

[123] Neal A, Richards J, Pye K. Structure and development of shellcheniers in Essex, southeast England, investigated using high-frequency ground-penetrating radar [J]. Marine Geology, 2002, 185 (3—4): 435—469.

[124] Noguchi S, Nik A R, Kasran B, et al. Soil physical properties and

preferential flow pathways in tropical rain forest, Bukit Tarek, Peninsular Malaysia [J]. Journal of Forest Research, 1997, 2 (2): 115−120.

[125] Oswald S, Kinzelbach W, Greiner A, et al. Observation of flow and transport processes in artificial porous media via magnetic resonance imaging in three dimensions [J]. Geoderma, 1997, 80 (3): 417−429.

[126] Perret J, Prasher S O, Kantzas A, et al. Three-dimensional quantification of macropore networks in undisturbed soil cores [J]. Soil Science Society of America Journal, 1999, 63 (6): 1530−1543.

[127] Peyton R L, Gantzer C J, Anderson S H, et al. Fractal dimension to describe soil macropore structure using X ray computed tomography [J]. Water Resources Research, 1994, 30 (3): 691−700.

[128] Posadas D A N, Tannús A, Panepucci H, et al. Magnetic resonance imaging as a non-invasive technique for investigating 3-D preferential flow occurring within stratified soil samples [J]. Computers and Electronics in Agriculture, 1996, 14 (4): 255−267.

[129] Ritsema C J, Dekker L W, Hendrickx J M H, et al. Preferential flow mechanism in a water repellent sandy soil [J]. Water Resources Research, 1993, 29 (7): 2183−2193.

[130] Samadi A, Amiri-Tokaldany E, Darby S E. Identifying the effects of parameter uncertainty on the reliability of riverbank stability modelling [J]. Geomorphology, 2009, 106 (4): 219−230.

[131] Sharma R H, Nakagawa H. Numerical model and flume experiments of single-and two-layered hillslope flow related to slope failure [J]. Landslides, 2010, 7 (4): 425−432.

[132] Shaw J N, West L T, Radcliffe D E, et al. Preferential flow and pedotransfer functions for transport properties in sandy kandiudults [J]. Soil Science Society of America Journal, 2000, 64 (2): 670−678.

[133] Sidle R C, Shoji N, Yoshio T, et al. A conceptual model of preferential flow systems in forested hillslopes: Evidence of self-organization [J]. Hydrological Processes, 2001, 15 (10): 1−18.

[134] Singh P, Kanwar R S, Thompson M L. Macropore characterization for

two tillage systems using resin-impregnation technique [J]. Soil Science Society of America Journal, 1991, 55 (6): 1674−1679.

[135] Singh P, Kanwar R S, Thompson M L. Measurement and characterization of macropores by using AUTOCAD and Automatic Image Analysis [J]. Journal of Environmental Quality, 1991, 20 (1): 289−294.

[136] Sollins P, Radulovich R. Effects of soil physical structure on solute transport in a weathered tropical soil [J]. Soil Science Society of America Journal, 1988, 52 (4): 1168−1173.

[137] Stone W W, Wilson J T. Preferential flow estimates to an agricultural tile drain with implications for glyphosate transport [J]. Journal of Environmental Quality, 2006, 35 (5): 1825−1835.

[138] Tyler S W, Wheatcraft S W. Application of fractal mathematics to soil water retention estimation [J]. Soil Science Society of America Journal, 1989, 53 (4): 987−996.

[139] Verachtert E, Van D E, Poesen J, et al. Spatial interaction between collapsed pipes and landslides in hilly regions with loess-derived soils [J]. Earth Surface Processes & Landforms, 2013, 38 (8): 826−835.

[140] Vervoort R W, Cattle S R, Minasny B. The hydrology of Vertosols used for cotton production: I. Hydraulic, structural and fundamental soil properties [J]. Australian Journal of Soil Research, 2003, 41 (7): 1255−1272.

[141] Vidon P, Cuadra P E. Impact of precipitation characteristics on soil hydrology in tile-drained landscapes [J]. Hydrological Processes, 2010, 24 (13): 1821−1833.

[142] White R E. The transport of chloride and non−diffusible solutes through soil [J]. Irrigation Science, 1985, 6 (1): 3−10.

[143] Williams A G, Dowd J F, Scholefield D, et al. Preferential flow variability in a well−structured soil [J]. Soil Science Society of America Journal, 2003, 67 (4): 1272−1281.

[144] Wuest S B. Comparison of preferential flow paths to bulk soil in a weakly aggregated silt loam soil [J]. Vadose Zone Journal Vzj, 2009, 8 (3): 623−627.

［145］Zhang H，Cheng J，Shi Y，et al. The distribution of preferential paths and its relation to the soil characteristics in the three gorges area，China ［J］. International Journal of Sediment Research，2007，22（1）: 39－48.